U0176822

大数据技术基础

张成文◎编著

人民邮电出版社
北 京

图书在版编目（ＣＩＰ）数据

大数据技术基础 / 张成文编著. -- 北京 ：人民邮
电出版社，2024.8
ISBN 978-7-115-63649-2

Ⅰ．①大… Ⅱ．①张… Ⅲ．①数据处理 Ⅳ.
①TP274

中国国家版本馆CIP数据核字(2024)第035811号

内 容 提 要

大数据技术作为处理海量数据的关键工具，在数据分析、数据计算、资源管理等领域得到广泛应
用。本书从初学者的角度出发，全面系统地介绍了 Python 大数据分析、数据存储、离线计算与实时计
算等基本概念与方法，并以大量案例帮助读者理解大数据技术的方方面面。此外，本书还介绍了 Kafka、
图数据处理、OLAP 数据分析、分布式资源管理和大数据处理架构等知识，以帮助读者快速熟悉大数
据技术，并应用大数据技术解决现实生活中的问题。

本书内容新颖，案例丰富，既可作为高等院校计算机、数据分析等相关专业的教学用书，也可供
对大数据技术感兴趣的初学者，以及从事数据科学、大数据技术研究和应用开发的人员参考。

◆ 编　著　张成文
责任编辑　秦　健
责任印制　焦志炜
◆ 人民邮电出版社出版发行　　北京市丰台区成寿寺路 11 号
邮编　100164　电子邮件　315@ptpress.com.cn
网址　https://www.ptpress.com.cn
北京市艺辉印刷有限公司印刷
◆ 开本：787×1092　1/16
印张：15.5　　　　　　　　2024 年 8 月第 1 版
字数：343 千字　　　　　　2024 年 8 月北京第 1 次印刷

定价：49.80 元

读者服务热线：(010)81055410　印装质量热线：(010)81055316
反盗版热线：(010)81055315
广告经营许可证：京东市监广登字 20170147 号

前　言

随着移动互联网、物联网、5G 和生成式人工智能等信息技术的快速发展和广泛应用，我们步入了一个数据爆炸式增长的时代。这些技术不仅迅速渗透到人类的生产和生活的各个方面，而且在悄无声息之中催生了海量的数据。如今，全球的数据量已经以惊人的速度从 TB 级别跃升到 PB、EB 乃至 ZB 级别。

在以大数据为核心要素的数字智能时代，数据的价值愈发显著。数据类型的多样化已经成为一种普遍现象，其中半结构化数据和非结构化数据的占比已经远远超越了传统的结构化数据，这种转变也为数据处理技术带来了新的挑战。数据体量的增长同样令人瞩目，生成式人工智能作为未来技术的重要发展方向，正在以惊人的速度生成大量的多模态数据（包括文本、图像、视频等），数据体量的快速增长不仅进一步扩大了数据的规模，也对传统的以关系型数据库为核心的数据存储方式构成挑战。在数据应用方面，大模型的出现进一步凸显了数据的重要性。例如 OpenAI 推出的 ChatGPT 模型和百度推出的文心大模型，都需要依赖大规模的数据集进行训练和优化。此外，元宇宙是一个以大数据和人工智能等技术为基础构建的数字世界，同样依赖海量的数据支撑其构建和持续运行。

因此，在数字化浪潮席卷全球的今天，大数据已经成为推动社会进步和科技创新的重要力量。无论是在商业决策、智慧健康、智慧城市还是人工智能领域，大数据都发挥着核心作用。面对日益增长的数据处理和分析需求，掌握大数据技术变得至关重要。

大数据技术涵盖数据的收集、存储、处理、分析和可视化等多个方面。在大数据生态系统中，Python 以其简洁易懂的语法和丰富的数据处理库，成为大数据分析的首选编程语言；Kafka 作为高性能的消息队列，为实时数据处理提供了强大的支持；在数据存储方面，则涉及关系型数据库、NoSQL 数据库以及分布式文件系统等，它们为海量数据的存储和访问提供了坚实的基础；图数据处理关注数据之间的关联关系，为社交网络、推荐系统等应用提供了全新的视角；离线计算和实时计算技术分别满足了批量数据处理和实时响应的需求；OLAP 技术为多维数据分析提供了强大的工具；分布式资源管理系统和大数据处理架构的设计与实现，是确保整个大数据系统高效、稳定运行的关键。

本书正是基于这样的技术背景和逻辑体系编写的，旨在通过系统性的介绍和丰富的实践案例，帮助读者逐步掌握大数据处理与分析的核心技术和方法。本书从 Python 大数据分析基础开始讲解，逐步深入到 Kafka、数据存储、图数据处理、离线计算、实时计算、OLAP 数据分析以及分布式资源管理等关键技术，最终目标是指导读者构建一个完整的大数据处理架构。

本书特别注重理论与实践相结合，通过丰富的实验和案例来加深读者对大数据技术的深入理解并提高实际应用的能力。同时，本书紧跟大数据技术的最新发展动态，力求将最前沿的知识和技术创新融入其中。

　　无论你是大数据领域的初学者还是有一定基础的专业人员，相信本书都能为你提供有价值的帮助和指导。让我们携手共进，迎接大数据时代面临的挑战与机遇！

　　由于大数据技术发展迅速，新的技术和方法层出不穷，因此书中难免存在疏漏或错误之处，我们诚挚地希望读者在阅读过程中提出宝贵的意见和建议。此外，我也期待与广大读者共同探讨大数据技术的未来发展趋势和应用前景，共同推动大数据领域的进步与发展。

张成文

资源与支持

资源获取

本书提供如下资源：

- 教学大纲；
- 程序源码；
- 教学课件；
- 微视频；
- 习题答案；
- 配套资料包；
- 书中图片文件；
- 本书思维导图；
- 异步社区 7 天 VIP 会员。

要获得以上资源，您可以扫描下方二维码，根据指引领取。

提交勘误

作者和编辑尽最大努力来确保书中内容的准确性，但难免会存在疏漏。欢迎您将发现的问题反馈给我们，帮助我们提升图书的质量。

当您发现错误时，请登录异步社区（https://www.epubit.com），按书名搜索，进入本书页面，单击"发表勘误"，输入错误信息，单击"提交勘误"按钮即可（见下页图）。本书的作者和编辑会对您提交的错误信息进行审核,确认并接受后，您将获赠异步社区的 100 积分。积分可用于在异步社区兑换优惠券、样书或奖品。

图书勘误　　　　　　　　　　　　　　　　　　　　　　　　　　🖉 发表勘误

页码：　[1]　　　　页内位置（行数）：　[1]　　　　勘误印次：　[1]

图书类型：　◉ 纸书　　◯ 电子书

添加勘误图片（最多可上传4张图片）

+

提交勘误

与我们联系

我们的联系邮箱是　contact@epubit.com.cn。

如果您对本书有任何疑问或建议，请您发邮件给我们，并在邮件标题中注明本书书名，以便我们更高效地做出反馈。

如果您有兴趣出版图书、录制教学视频，或者参与图书翻译、技术审校等工作，可以发邮件给我们。

如果您所在的学校、培训机构或企业想批量购买本书或异步社区出版的其他图书，也可以发邮件给我们。

如果您在网上发现有针对异步社区出品图书的各种形式的盗版行为，包括对图书全部或部分内容的非授权传播，请您将怀疑有侵权行为的链接通过邮件发送给我们。您的这一举动是对作者权益的保护，也是我们持续为您提供有价值的内容的动力之源。

关于异步社区和异步图书

"异步社区"是由人民邮电出版社创办的 IT 专业图书社区，于 2015 年 8 月上线运营，致力于优质内容的出版和分享，为读者提供高品质的学习内容，为作译者提供专业的出版服务，实现作译者与读者在线交流互动，以及传统出版与数字出版的融合发展。

"异步图书"是异步社区策划出版的精品 IT 图书的品牌，依托于人民邮电出版社在计算机图书领域四十余年的发展与积淀。异步图书面向各行业的信息技术用户。

目 录

第1章

大数据概述

大数据（Big Data）技术是生成式人工智能、元宇宙等领域的基础、关键和核心技术。大数据技术既得益于新一代信息技术的快速发展，也是推动信息技术向前迈进的基础技术。本章将对大数据的基本概念、相关技术和应用领域进行介绍。

1.1 基本概念

大数据通常用来形容具有海量特征的数据集合，又称为巨量数据集合。如果用常规的软件工具来处理这类数据，可能无法在规定的时间内完成数据的获取、处理和管理等任务。

研究机构 Gartner 给出的大数据定义为：大数据是需要新处理模式才能具有更强的决策力、洞察发现力和流程优化能力的海量、高增长率和多样化的信息资产。

1.1.1 5V 特征

一般而言，大数据具有 5V 特征，即大规模（Volume）、多样性（Variety）、快速性（Velocity）、低价值密度（Value）和真实性（Veracity）。只有具备这些特征的数据才是大数据。

- 大规模。全球数据量在 2010 年正式进入 ZB（Zetta Byte，泽字节）时代。随着时间的推移，数据的规模将越来越大，增速也在逐渐提高。
- 多样性。大数据的来源广泛。例如，移动互联网、物联网、AR（Augmented Reality，增强现实）、VR（Virtual Reality，虚拟现实）、MR（Mixed Reality，混合现实）、生成式人工智能等都会产生大量数据。来源的多样性导致大数据类型的多样性。
- 快速性。由于大数据往往以数据流的形式快速、动态地产生，因此它具有很强的时效性。由于大数据自身的状态与价值往往随时间变化而变化，因此采集、分析和处理大数据时对时间要求比较高。
- 低价值密度。海量数据包含大量的不相关信息。随着数据量的增加，大数据中有意义的信息并没有成比例增加。大数据的价值与其真实性及处理时间相关，需要通过算法来完成大数据价值的"提纯"。

- 真实性。真实性是指大数据的质量和保真性。大数据要求具有较高的信噪比。信噪比与数据源和数据类型无关。

1.1.2　数据类型

根据是否具有固定的结构和关系，可以将大数据分为以下 3 类。

- 结构化数据：可预先定义属性并且格式固定的数据。就结构化数据而言，通常是先有结构，再有数据。典型的结构化数据是通过关系型数据库进行存储和管理的。这类数据通常采用二维表结构的形式进行逻辑表达，以行为单位，一行数据表示一个实体的信息，每一行数据的属性都相同，严格遵循数据的格式与长度规范。
- 非结构化数据：没有固定结构的，不能通过结构化模式表示和存储的数据。典型的非结构化数据包括文本、图像、音频、视频等。
- 半结构化数据：介于结构化数据和非结构化数据之间的数据。就半结构化数据而言，通常是先有数据，再有结构。半结构化数据的结构不固定，同一类数据具有不同的属性，属性的数量也不固定，不像结构化数据那样会对数据的结构进行预先模式化定义。由于半结构化数据的结构和内容是混在一起的，没有明显的区分，因此也称这类结构为自描述结构。典型的半结构化数据包括 XML（Extensible Markup Language，可扩展标记语言）、JSON（JavaScript Object Notation，JavaScript 对象表示法）、HTML（HyperText Markup Language，超文本标记语言）等。

研究表明，全球新增数据的 80%是半结构化数据和非结构化数据。非结构化数据的增速远高于结构化数据的，而且非结构化数据的占比也越来越高。

随着信息技术的快速发展，多源异构数据（多源异构数据指的是在不同设备、不同操作系统的不同数据库系统中的数据）的融合成为常态。为满足面向多种不同类型数据存储的需求，关系型存储、文件存储、对象存储、宽表存储、键值存储、时序存储、事件存储、时空存储、图存储、向量存储等多种数据存储模型应运而生。这些数据模型共同构成了多模型大数据架构。

早期的多模型大数据架构的主流产品只是将多个单模型数据库通过统一的界面组合在一起。本质上，这种多模型大数据架构是单模型大数据架构的延伸，在形式上将数据孤岛问题隐藏在统一的用户界面背后。但是，这种组合了多种单模型数据库的产品会导致数据冗余、数据一致性治理难、数据跨库分析难、资源配置难等一系列问题。

为解决这些问题，原生多模型大数据架构应运而生。该架构能够在单一场景下基于各类数据库分别支撑，在各种数据库之上搭建统一的资源调度（通过容器化编排来统一调度计算、存储、网络等基础资源）、统一的分布式存储管理（为不同的存储模型提供公共的存储管理服务，保障数据一致性，实现数据统一管理运维和高可用，避免数据孤岛）、统一的计算引擎（根据不同的存储模型自动匹配算法，不仅支持批处理、流处理等计算任务，而且支持不同模型数据的流转与关联）与统一的接口层（在一个命令中可完成各种复合跨模型数据查询，无须访问不同接口即可操作不同的数据模型），最终实现数据一致性、灵活的资源弹性、简捷的操作与运维。

1.1.3　大数据平台

大数据平台是指通过 Hadoop、Spark、Flink 等分布式、实时或离线计算框架运行计算任务的平台。

大数据平台的目标是服务业务需求，解决现有业务问题，具有容纳海量数据、处理速度快、兼容性好等特点。

图 1-1 展示了大数据平台的基本架构，其中涉及多项技术，我们会在后续章节分别介绍。

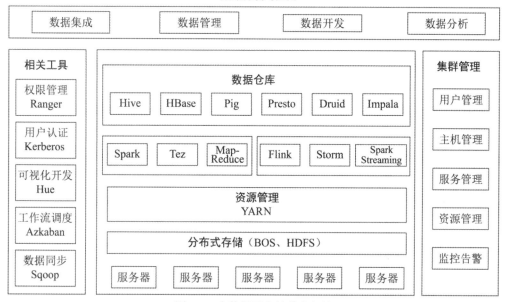

图 1-1　大数据平台的基本架构

大数据平台的相关技术如下。

- HDFS：它的全称为 Hadoop 分布式文件系统（Hadoop Distributed File System），是一种适合运行在通用或廉价硬件上的分布式文件系统，具有高度容错性，能提供高吞吐量的数据访问，适合应用于大规模数据集。
- HBase：它是一个分布式的、面向列的开源数据库，适合存储非结构化数据，具有高可靠性、高性能、面向列、可伸缩等特点。
- MapReduce：它是一种编程模型，用于大规模数据集的并行运算。MapReduce 包括 Map（映射）和 Reduce（归约）两个步骤，能够让编程人员在不了解分布式并行编程的情况下在分布式系统中运行程序。
- Spark：它是专为大规模数据处理而设计的类似于 MapReduce 的通用并行框架，它的特点是可以将中间输出结果保存在内存中，不需要读写 HDFS。
- Storm：它是一个分布式的、有容错性的实时计算框架，能够可靠地处理无界流数据，进行实时数据分析处理。
- Spark Streaming：它是 Spark API 的扩展，支持可扩展、高吞吐量、强容错的实时数据流处理。

- Flink：它是一个开源大数据处理框架，用于对无界数据流和有界数据流进行计算，能以内存速度和任何规模进行计算。
- Hive：它是基于 Hadoop 的一个数据仓库工具，用于进行数据提取、转化与加载，提供存储、查询和分析大规模数据的机制。
- Pig：它是基于 Hadoop 的大规模数据分析平台，提供 Pig Latin 语言，该语言的编译器会把数据分析请求转换为一系列经过优化处理的 MapReduce 作业。
- YARN：它是一种 Hadoop 资源管理器，具有一个通用的资源管理系统和调度平台，可为上层应用提供统一的资源管理和调度服务。
- Presto：它是一个开源的分布式 SQL 查询引擎，可用于交互式分析查询，其架构由关系型数据库架构演化而来。
- Druid：它是一个分布式的、列存储的开源存储系统，适用于实时数据分析，具有快速聚合、灵活过滤、毫秒级查询、低延迟数据导入等数据操作特点。
- Impala：它是一种数据查询系统，可以使用 SQL 语句快速查询存储在 HDFS 或 HBase 中的 PB 级大数据。
- Ranger：它是一种集中式安全管理框架，用于解决授权和审计问题，可以对 HDFS、YARN、Hive 等进行细粒度的数据访问控制。
- Hue：它的全称为 Hadoop User Experience，是一种 Hadoop 图形化用户界面，提供集成化的大数据可视化界面。它允许用户通过一个集中的界面访问、浏览、操作主流的大数据软件，即通过 Hue 可以实现整个大数据生态圈的集中式浏览，给用户带来非常友好的使用体验。
- Kerberos：它是一种计算机网络认证协议，旨在通过开放和不安全的网络提供可靠的身份验证。
- Azkaban：它是批量工作流任务调度器，使用 KV（Key–Value，键值对）文件建立任务之间的依赖关系，并提供 Web 界面，方便用户管理和调度工作流。
- Sqoop：它是一个开源工具，用于在 Hadoop 与传统数据库（比如 MySQL）之间进行数据传递。

1.1.4   大数据的处理流程

如图 1-2 所示，大数据的处理流程包括数据抽取、数据集成、数据分析、数据解释等。

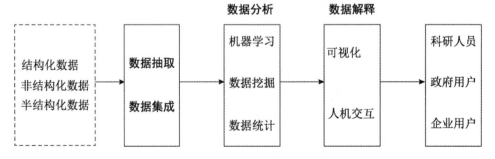

图 1-2   大数据的处理流程

- 数据抽取与数据集成：从各类数据中提取关系和实体，经过关联、聚合等操作，按照统一的格式对数据进行存储。
- 数据分析：大数据处理流程的核心和关键，开发者可以根据自己的需要，通过机器学习、数据挖掘、数据统计等技术对抽取与集成的数据进行处理，最终获得高价值的数据分析结果。
- 数据解释：正确的数据处理结果只有通过合适的展示方式才能被科研人员、政府用户、企业用户等最终用户正确理解，其中可视化和人机交互是数据解释涉及的主要技术。

1.2　相关技术

大数据技术一般包括数据采集、数据预处理、数据存储、数据挖掘与数据分析、数据可视化等技术。

图 1-3 以金字塔的形式从下到上描述了大数据的"提纯"过程。在金字塔顶端，通过数据可视化技术，用户可以获得最终的数据分析结果。

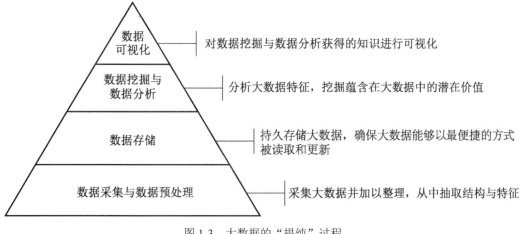

图 1-3　大数据的"提纯"过程

1.2.1　数据采集

数据采集是指从传感器、智能设备、企业在线或离线系统、社交网络、互联网平台等渠道获取数据的过程。数据采集方法包括以下几种。

- 数据库采集：从关系 / 非关系型数据库获取数据。这是最常见的数据采集方法。
- 系统日志采集：日志对大型应用系统来说非常重要，是系统运维的关键，用户可以使用工具对日志进行统一的管理和查询，例如轻量级日志收集处理工具 ELK（一种日志分析系统，由 Elasticsearch、Logstash、Kibana 3 个组件组成）。ELK 能够提供完整的日志收集、搜索和展示功能。
- 网络数据采集：用户可通过网络爬虫或网站公开 API（Application Program Interface，

应用程序接口）等工具从网站获取数据，并从中抽取所需的属性内容。

● 感知设备数据采集：通过传感器、摄像头和智能终端采集信号、图片、声音或视频等数据。

在数据采集过程中，分布式发布和订阅消息系统 Kafka 是一种常用的系统，用户可以使用 Kafka 采集各个服务的日志，并以统一接口服务的方式将日志开放给其他组件。

1.2.2　数据预处理

如图 1-4 所示，数据预处理的步骤包括数据清洗、数据集成、数据变换和数据规约。

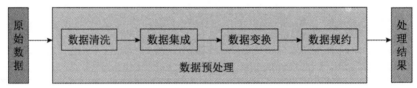

图 1-4　数据预处理的过程

数据预处理各步骤说明如下。

1）数据清洗包括数据格式标准化、异常数据清除、数据错误纠正以及重复数据清除 4 个步骤。

2）数据集成是指将多个数据源中的大数据集成并统一存储，构建数据仓库。

3）数据变换是指通过平滑聚集、数据概化、规范化等方式将大数据转换为适合数据挖掘 / 数据分析的形式。

4）数据规约是指通过寻找大数据有用特征的方式，缩减大数据规模，最大限度地精减数据量。

1.2.3　数据存储

数据存储涉及将数量庞大且难以收集和处理的数据持久化存储在计算机中。为提升数据存储的性能，可以着重关注以下 3 个方面。

● 存储容量：增加硬盘容量或者调整优化硬盘阵列架构，以提升系统的存储能力。

● 吞吐量：提高硬盘转速、改进接口形式或增加读写缓存，以提升系统的整体吞吐量。

● 容错性：硬件或软件故障很容易导致数据、文件损坏或丢失等问题，系统需要能够自动将损坏的文件和数据恢复到故障发生前的状态。

常用的数据存储工具包括 HDFS、HBase 和 Redis 等。HDFS 在数据冗余存储、存储策略和错误恢复等方面有着很好的性能，而且该工具针对大数据的存储、读取和复制 3 个方面进行了相关设计，提升了系统的整体吞吐量。对于出错的节点，HDFS 可以进行检测并恢复，具有良好的容错性。而 HBase 则具备支持海量数据存储、快速随机访问和大量写操作的特点，适用于数据持久存储，还可以与适合作为缓存的工具 Redis 结合使用，以兼顾速度和可扩展性。

1.2.4　数据挖掘与数据分析

数据挖掘与数据分析都是从大数据中提取有价值信息的常用手段，下面分别介绍。

1. 数据挖掘

数据挖掘是指从大数据中挖掘未知且有价值的信息和知识的过程，是提取有价值信息的核心方法，通常需要用到统计学、人工智能、机器学习、深度学习等技术。数据挖掘的基本步骤如图 1-5 所示。

图 1-5　数据挖掘的基本步骤

数据挖掘各基本步骤说明如下。

1）探索性分析：包括数据质量分析和数据特征分析。数据质量分析的主要任务是检查原始数据中是否存在脏数据。在完成数据质量分析后，可以通过绘制图表、计算特征量等方式进行数据特征分析。

2）特征抽取：对某一模式的测量值进行变换，以突出该模式的代表性特征，即将原有特征根据某种函数关系转换为新的特征，新的数据维度要比原来的低。

3）建立模型：根据分析的目标和数据形式，选用合适的机器学习算法，包括分类算法、回归算法、聚类算法等，建立分类预测、聚类分析、关联规则、偏差检测等模型。

4）模型评价：使用绝对误差、均方误差、混淆矩阵等方法对模型进行评价。

深度学习是数据挖掘的常用方法，它能够利用层次化的架构学习数据在不同层次上的表达，从而解决复杂且抽象的问题。

2. 数据分析

数据分析是利用适当的统计分析方法与工具对收集的数据进行加工、整理和分析，以提取有价值信息的过程。

数据分析与数据挖掘的区别体现在以下几个方面。

- 数据挖掘通常需要通过编程实现，而数据分析则更倾向于借助现有的分析工具进行处理。

- 数据分析要求对所从事的行业有较深的理解，并且能够将数据与自身的业务紧密结合。

- 数据分析侧重于观察数据，而数据挖掘的重点则是从数据中发现知识和规律。

- 数据分析主要采用对比分析、分组分析等方法，通过得到的指标统计量来量化结果，如总和、平均值等。而数据挖掘更侧重于解决分类、聚类、关联和预测 4 类问题，一般采用决策树、神经网络、关联规则、聚类分析、机器学习等方法进行挖掘，输出模型或规则，并且能够得到相应的模型得分或标签。

在实际开发过程中，通常使用 Pig、Hive 和 Spark 等工具进行数据分析，这些工具更侧重于分析决策，可以提供直观的数据查询结果。

针对图数据，本书也会介绍 Spark GraphX。Spark GraphX 能够以图作为数据模型，用于表达问题并进行数据分析。

1.2.5　数据可视化

数据可视化旨在借助图形化手段清晰有效地传达信息，它是一种能够利用人眼的感知能力对数据进行交互的可视化表达技术。

1. 定义

数据可视化可以通过图形图像的形式展示大型数据集。该方式具有如下优点。

- 易于理解：视觉信息相比文字信息更容易理解，使用图形图像形式来总结复杂的数据也比文字形式更加直观。
- 增强互动：动态的图形图像可以及时显示数据的变化情况，提供更清晰的数据信息。
- 强化关联：数据可视化可以突出地显示数据之间的关联关系。
- 美化数据：数据可视化工具可以美化数据的表现形式，提供更好的视觉体验。

数据可视化流程主要包括数据表示与变换、可视化呈现和用户交互 3 个步骤。

1）数据表示与变换：是数据可视化的基础，即将原始数据转换为计算机可识别与处理的结构化数据形式，以最大限度地保留信息和知识。

2）可视化呈现：以直观的、容易理解和操作的方式呈现数据，需要选择合适的展示形式。

3）用户交互：通过可视化的手段辅助分析决策，可以用于从数据中探索新的假设，也可以验证假设与数据的一致性，还可以用于向公众展示信息。

数据可视化和数据挖掘的目标都是从数据中获取知识，但采取的手段是有差异的。数据可视化通过图形图像形式呈现数据，让用户能够交互地理解数据。而数据挖掘则是通过各种算法获取数据背后隐藏的知识，并将结果直接反馈给用户。

2. 数据可视化工具

下面介绍一些主流的数据可视化工具。

- Tableau：该工具可以帮助用户快速分析、可视化并分享信息。优点是易于上手，用户只需将大量数据拖放到数字画布上，便可以创建各种图表。同时，Tableau 具有强大的数据处理能力，可以处理数百万行数据。
- Highcharts：该工具的图表类型非常丰富，可以制作实时更新的曲线图。Highcharts 具有轻量级、性能稳定、兼容好以及图表简约美观的优点，但该工具缺乏中文版说明文档，学习门槛较高。
- Echarts：该工具基于 JavaScript 的开源可视化库，用于常用图表的制作，具有文件体积小巧、打包方式灵活、操作自由、支持多种图表的优点。Echarts 由百度开发并开源，兼容当前绝大部分浏览器，中文版说明文档较为丰富，便于学习。Echarts 的缺点是自定义开发比较困难且缺乏立体效果支持。

1.3 应用领域

经过多年发展，大数据已经融入大众生活的各个领域，以下是大数据的一些应用示例。

警务大数据是公共安全大数据的重要组成部分。通过对海量数据的采集、治理与应用，实现数据赋能，为各项警务活动提供精准、高效的数据支撑。例如，以案件为中心进行基于多种行为的嫌疑对象分析，可以提升警务工作效能。

消防大数据通过利用科技信息化手段，采集并整合各类消防资源，分析各类数据并形成有价值的信息，比如安全态势感知、预测及应急处置以及分析火灾高发原因等。

医疗大数据可分为医院外部大数据和医院内部大数据。通过将两种医疗大数据打通并整合，同时借助大数据手段进行检索、查询和数据分析，可以提高医院的运营效率。医疗大数据还可以推进实现疾病预测预警、样本筛选，支持临床决策、个性化诊疗等，从而提高诊疗质量，加快诊疗速度。

工业大数据是指在工业领域通过物联网等技术获取的数量庞大并且类型复杂的数据。采用大数据相关技术，可以有效地将工业大数据服务于生产。工业大数据可以应用在产品故障诊断和预测、工业生产数据分析、生产过程优化等多个方面。

1.4 课后习题

（1）简述大数据的定义。
（2）什么是大数据的 5V 特征？
（3）大数据的数据类型可分为哪几类？
（4）数据预处理的步骤有哪些？
（5）列举大数据技术在生产生活中的应用。

第2章

Python大数据分析

Python 是大数据应用中最常用的编程语言之一，得益于灵活性和强大功能，它在数据分析和数据处理方面发挥着重要的作用。

Python 拥有各类高级的数据结构以及强大且丰富的类库，而且它能够以简洁高效的方式进行面向对象编程，非常适合大数据的处理和管理等工作。

Python 也常被称为胶水语言，因为 Python 能够把其他语言制作的模块联结在一起。

本章将着重介绍 Python 的 3 个库——NumPy、pandas 和 Matplotlib。NumPy 提供了多维数组对象和各种派生对象，是进行数据分析和科学计算的常用工具；pandas 提供了高效操作大型数据集所需的工具；Matplotlib 则可用于数据的图形化展示，并提供了多样化的输出格式。

2.1 Python 介绍

Python 是一门动态的、面向对象的脚本语言，具有简单、通俗易懂的特点，代码可读性强。另外，Python 与 Hadoop 平台有着很好的兼容性。

2.1.1 Python 的应用场景

开发者可以使用 Python 进行 Web、网络爬虫、人工智能等领域的开发工作。在大数据分析方面，Python 提供了成熟且可靠的库，特别是涉及分布式计算、数据分析和数据可视化等方面，表现非常出色。

对于 MapReduce 和 Spark，我们都可以使用 Python 进行程序编写，这大大提升了大数据开发的便利性。

2.1.2 Python 的优点与缺点

Python 具有如下优点。

● 与 C/C++、Java 相比，Python 的语法简单，对代码格式的要求较为宽松。
● Python 的解释器和模块都是开源、免费的。
● Python 是解释型语言，可跨平台且可移植性较好。

- Python 拥有丰富的模块，可扩展性强。

Python 也有一些缺点，具体如下。

- 与 C/C++和 Java 相比，Python 的运行速度较慢。这是解释型语言的特性，解释型语言需要在编译的时候生成字节码，再由解释器把字节码翻译成机器语言后才能执行。
- Python 对源代码加密比较困难。

2.2　NumPy 介绍

NumPy 是 Python 的一个扩展程序库，支持高维数组与矩阵运算，同时配备了大量的数学函数库。

NumPy 的前身是 Numeric，最早由 Jim Hugunin 等开发者共同开发。2005 年，Travis Oliphant 将 Numeric 和具有类似特性的程序库 Numarray 进行结合，并加入其他扩展功能，开发了 NumPy。

2.2.1　NumPy 的应用场景

在科学计算领域，NumPy 通常与 Matplotlib 库组合使用，用来代替 MATLAB，以帮助开发者能够通过 Python 进行高效的数值计算或统计分析。

在数据分析场景下，Numpy 可用于数组数据的处理，与 pandas 搭配使用，还可以处理表格和各种复杂格式的数据。

2.2.2　NumPy 的数组对象与用法

NumPy 中定义的最重要的对象是 N 维数组 ndarray，它描述了相同类型的元素集合，可以使用基于零的索引访问集合中的项目。

ndarray 中的每个元素在内存中使用相同大小的块。从 ndarray 对象中提取的任何元素都可以由一个数组标量类型的 Python 对象表示。

ndarray 是 NumPy 的重要组成部分，其主要用法如下。

（1）创建 ndarray

ndarray 对象是一个快速而灵活的大数据集容器。开发者可以利用 ndarray 对整块数据执行数学运算。ndarray 的属性如表 2-1 所示。

表 2-1　ndarray 的属性

属性名称	属性解释
ndarray.shape	数组元组的维度
ndarray.ndim	数组维数
ndarray.size	数组中的元素数量
ndarray.itemsize	一个数组元素的长度
ndarray.dtype	数组元素的类型

生成 ndarray 的方式有很多种，包括使用列表与函数等方式生成，接下来分别介绍。

1）使用列表生成一维数组，代码如下。

```
import numpy as np
data = [1,2,3,4,5,6]
x = np.array(data)
print(x)
print(x.dtype)
```

输出结果如下。

```
[1 2 3 4 5 6]
int32
```

2）使用 zeros()方法创建一个长度为 6、元素均为 0 的一维数组，代码如下。

```
x = np.zeros(6)
print(x)
```

输出结果如下。

```
[0. 0. 0. 0. 0. 0.]
```

3）使用 zeros()方法创建一个一维长度为 2、二维长度为 3、元素均为 0 的数组，代码如下。

```
x = np.zeros((2, 3))
print(x)
```

输出结果如下。

```
[[0. 0. 0.]
 [0. 0. 0.]]
```

4）使用 ones()方法创建一个一维长度为 2、二维长度为 3 的数组，代码如下。

```
x = np.ones((2, 3))
print(x)
```

输出结果如下。

```
[[1. 1. 1.]
 [1. 1. 1.]]
```

5）使用 arange()方法生成连续元素，代码如下。

```
print(np.arange(6))
```

输出结果如下。

```
[0 1 2 3 4 5]
```

（2）ndarray 的矢量化运算

ndarray 的矢量化运算是指对两个或多个数组中的对应元素进行数学运算，包括加法、乘法、除法、指数运算、对数运算等，代码如下。

```
x = np.array([1, 2, 3])
print(x * 2)
print(x > 2)
y = np.array([3, 4, 5])
print(x + y)
print(x > y)
```

输出结果如下。

```
[2 4 6]
[False False True]
[4 6 8]
[False False False]
```

（3）ndarray 数组的转置和轴变换

ndarray 数组的转置和轴变换只会返回原数据的一个视图，不会对原数据进行修改。具体操作如下。

1）转置（矩阵）数组，代码如下。

```
k = np.arange(9)
m = k.reshape((3, 3))
print(m)
print(m.T)
```

输出结果如下。

```
[[0 1 2]
 [3 4 5]
 [6 7 8]]
[[0 3 6]
 [1 4 7]
 [2 5 8]]
```

2）获取数组与其转置数组的乘积，代码如下。

```
m = np.arange(9).reshape((3, 3))
print(np.dot(m, m.T))
```

输出结果如下。

```
[[  5  14  23]
 [ 14  50  86]
 [ 23  86 149]]
```

3）对高维数组进行轴变换，代码如下。

```
import numpy as np
k = np.arange(8).reshape(2, 2, 2)
print(k)
# transpose()方法用于改变数组轴或维度的顺序
#在此处，我们可以通过该方法交换三维数组的第 1 个轴和第 2 个轴
m = k.transpose((1, 0, 2))
print(m)
```

输出结果如下。

```
[[[0 1]
  [2 3]]

 [[4 5]
  [6 7]]]
[[[0 1]
  [4 5]]

 [[2 3]
  [6 7]]]
```

4）对高维数组进行轴交换，将第 1 个轴与第 2 个轴进行交换，代码如下。

```
import numpy as np
k = np.arange(8).reshape(2, 2, 2)
print(k)
# swapaxes()方法用于交换数组的两个轴
m = k.swapaxes(0, 1)
print(m)
```

输出结果如下。

```
[[[0 1]
  [2 3]]

 [[4 5]
  [6 7]]]
[[[0 1]
  [4 5]]

 [[2 3]
  [6 7]]]
```

2.3　pandas 介绍

pandas 是 Python 的一个数据分析包，由 AQR Capital Management 于 2008 年 4 月开发，并于 2009 年年底开源。目前，专注于 Python 数据包开发的 PyData 开发团队已经接管 pandas 的开发和维护工作，pandas 也成为 PyData 项目的一部分。

由于最初开发 pandas 是为了满足金融数据分析的需求，因此 pandas 为时间序列分析提供了很好的支持。pandas 也集成了大量库和一些标准的数据模型，并提供丰富的函数和方法，使用户能够快速、便捷地处理数据。

2.3.1　pandas 的应用场景

pandas 可以用于数据的导入、清洗、处理、统计和输出等工作。此外，pandas 还提供了灵活、准确的数据结构，旨在更好地处理关系型数据与标记型数据。

pandas 比较适合处理以下类型的数据：

- 表格数据，例如 SQL 表或 Excel 表中的数据；
- 时间序列数据；
- 带行列标签的矩阵数据；
- 任意形式的观测数据集与统计数据集。

2.3.2　pandas 的数据结构与用法

pandas 有两种非常重要的数据结构，分别是 Series（一维数据）和 DataFrame（二维数据）。这两种数据结构可以有效地解决金融、统计、社会科学、工程等多个领域中常见的数据处理问题。

下面我们将分别介绍 pandas 中的 Series 和 DataFrame（需要先输入命令 import pandas as pd 以导入 pandas 库，其中，pd 是 pandas 库的简称）。

1. Series

Series 用于存储一行或一列的数据以及与之相关索引的集合，使用方法如下。

Series(data=[数据 1，数据 2，…], index=[索引 1，索引 2，…])

首先导入 pandas 库并定义一个 x Series，其中包含数据 a、b、c，它们的索引分别是 1、2、3，可以通过位置或索引访问数据，例如输出 x[3]，则返回 c。如果省略 Series 的 index，那么索引号默认从 0 开始，也可以指定索引名。代码如下。

```
import pandas as pd
x = pd.Series(['a', 'b', 'c'], [1, 2, 3])
print(x)
```

输出结果如下。

```
1    a
```

```
2       b
3       c
dtype: object
```

除了上述使用标量值创建 Series 的方法以外，还可以使用字典类型和 ndarray 类型创建 Series，代码如下。

```
import pandas as pd
import numpy as np
# 使用字典类型创建 Series
x = pd.Series({'a': 1, 'b': 2, 'c': 3})
# 使用 ndarray 类型创建 Series
y = pd.Series(np.arange(5), np.arange(9, 4, -1))
print(x)
print(y)
```

输出结果如下。

```
a       1
b       2
c       3
dtype: int64
9       0
8       1
7       2
6       3
5       4
dtype: int32
```

与其他 Python 数据类型一样，Series 也可以对数据进行追加、切片、删除、修改等操作，代码如下。

```
x = pd.Series(['Jack', 'Tony', 'Jim'], ['1', '2', '3'])
x = x.append(pd.Series(['Will'], index = ['4']))  # 追加
print(x['4'])
print(x[0:3])
x = x.drop(['1'])  # 删除
print('Jack' in x.values)
print(x[0:3])
x.update(pd.Series(['Jimmy'],index = ['3']))  # 追加
```

```
print(x)
```

输出结果如下。

```
Will
1       Jack
2       Tony
3        Jim
dtype: object
False
2       Tony
3        Jim
4       Will
dtype: object
2       Tony
3      Jimmy
4       Will
dtype: object
```

还可以使用 Series 的 sort_index(ascending=True)方法对 index 进行排序操作，其中参数 ascending 用于控制升序或降序，默认为升序。

也可以在 Series 上调用 reindex()函数重新排序，使得 Series 符合新的索引，如果索引的值不存在就引入默认值，代码如下。

```
x = pd.Series([4, 7, 3, 2], ['b', 'a', 'd', 'c'])
print(x)
```

输出结果如下。

```
b       4
a       7
d       3
c       2
dtype: int64
```

然后对 index 重新排序并输出，代码如下。

```
x = pd.Series([4, 7, 3, 2], ['b', 'a', 'd', 'c'])
y = x.reindex(['a', 'b', 'c', 'd', 'e'])
print(y)
```

输出结果如下。

```
a       7.0
```

```
b    4.0
c    2.0
d    3.0
e    NaN
dtype: float64
```

对 index 重新排序并输出，如果索引的值不存在就引入默认值 0，代码如下。

```
x = pd.Series([4, 7, 3, 2], ['b', 'a', 'd', 'c'])
y = x.reindex(['a', 'b', 'c', 'd', 'e'])
# 引入默认值 0
z=x.reindex(['a','b','c','d','e'], fill_value=0)
print(z)
```

输出结果如下。

```
a    7
b    4
c    2
d    3
e    0
dtype: int64
```

由于 Series 本质上是一个 NumPy 数组，因此也可以使用 NumPy 的数组处理函数直接对 Series 进行处理。

Series 还包含与字典相似的特性，例如可以使用标签存取元素。

2. DataFrame

DataFrame 用于存储多行和多列的数据集合，是 Series 的容器，类似于 Excel 的二维表格。DataFrame 主要的操作包括增、删、改、查。

DataFrame 的使用方法如下。

```
DataFrame(columnsMap)
```

示例代码如下。

```
from pandas import Series
from pandas import DataFrame
df = DataFrame({'name': Series(['Ken', 'Kate', 'Jack']), 'age': Series([21, 18, 15])
print(df)
```

输出结果如下。

```
    name    age
```

```
0    Ken    21

1    Kate   18

2    Jack   15
```

如果想要使用 DataFrame，应先从 pandas 中导入 DataFrame 包。DataFrame 的数据访问方式如表 2-2 所示。

表 2-2　DataFrame 的数据访问方式

访问位置	方法	含义
列	变量名[列名]	访问对应的列
行	变量名[n:m]	访问 n 行到 $m-1$ 行的数据
行和列（块）	变量名.iloc[n_1:n_2, m_1: m_2]	访问 n_1 到 n_2-1 行，m_1 到 m_2-1 列的数据
访问指定的位置	变量名.at[行名，列名]	访问（行名、列名）位置的数据

示例代码如下。

1）获取第 1 列的数据（列索引从 0 开始），代码如下。

```
from pandas import Series

from pandas import DataFrame

df = DataFrame({'name': Series(['Ken', 'Kate', 'Jack']), 'age': Series([21, 18, 15])})

print(df['age'])
```

输出结果如下。

```
0    21

1    18

2    15

Name: age, dtype: int64
```

2）获取第 1 行的数据，代码如下。

```
df = DataFrame({'name': Series(['Ken', 'Kate', 'Jack']), 'age': Series([21, 18, 15])})

print(df[1:2])
```

输出结果如下。

```
    name   age

1   Kate   18
```

3）获取第 0 行到第 1 行与第 0 列到第 1 列的数据，代码如下。

```
df = DataFrame({'name': Series(['Ken', 'Kate', 'Jack']), 'age': Series([21, 18, 15])})

print(df.iloc[0:2, 0:2])
```

输出结果如下。

```
    name   age

0   Ken    21

1   Kate   18
```

4）获取第 0 行第 1 列的数据，代码如下。

```
from pandas import Series
from pandas import DataFrame
df = DataFrame({'name': Series(['Ken', 'Kate', 'Jack']), 'age': Series([21, 18, 15])})
print(df.at[0, 'age'])
```

输出结果如下。

```
21
```

当访问某一行时，不能仅用行的索引来访问。例如，要访问 df 中索引为 1 的行，不能写成 df [1]，而要写成 df [1:2]。

2.4　Matplotlib 介绍

Matplotlib 是 Python 的一个绘图库。该库在函数的设计上参考了 MATLAB，这也是其名字中 Mat 的由来。

最初，研发 Matplotlib 库的目的是可视化与癫痫患者的脑皮层电图相关的信号。该库支持多种硬拷贝格式以及跨平台的交互式环境，可生成高质量的图形，同时还适用于 Python 脚本、Python、IPython Shell、Jupyter Notebook 和 Web 应用程序服务器等环境。

2.4.1　Matplotlib 库的应用场景

Matplotlib 库广泛应用于数据分析和机器学习的数据可视化领域，它可以帮助用户更直观地观测异常值或数据转换效果。

借助 Matplotlib 库，用户还可以非常方便地绘制海量的 2D 图表和一些基本的 3D 图表，能够根据数据组织形式（DataFrame、Series 等）自行定义 x 轴和 y 轴，并绘制散点图、条形图、折线图和饼图等，满足大部分的绘图需求。

Matplotlib 库采用与 MATLAB 相似的命令 API，在绘制静态图形方面的功能非常强大。

2.4.2　图表绘制

在开始绘制图表之前，需要先创建一个 Figure 对象——可以将其理解为画布。创建 Figure 对象的代码如下。

```
import matplotlib.pyplot as plt
fig = plt.figure()
```

首先明确坐标轴和区域。在 Matplotlib 库中，Axes 是指一个有数值范围限制的绘图区域，这样数据点的排列才能有据可循。接下来在画布上添加轴，并设置坐标轴的取值范围，代码如下。

```
fig = plt.figure()
```

```
ax = fig.add_subplot(1,1,1)
ax.set(xlim=[0.5, 4.5], ylim=[-2, 8], title='坐标轴示例',ylabel='y 轴', xlabel='x 轴')
plt.show()
```

输出结果如图 2-1 所示。

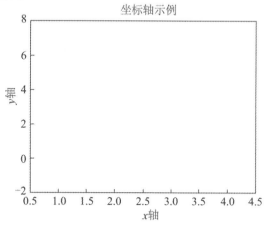

图 2-1　创建坐标轴

在上述代码中，fig.add_subplot(1，1，1)的含义是将画布分割成 1×1 的方格，并显示 1 个方格。同样，使用 fig.add_subplot(2, 2, 4)也可以生成 Axes，前面两个参数用于确定面板的划分，例如 "2, 2" 会将整个画布分成 2×2 的 4 个方格，第 3 个参数的取值范围是[1, 2×2]，表示显示第几个 Axes。图 2-2 显示了第 1 个 Axes 和第 4 个 Axes。

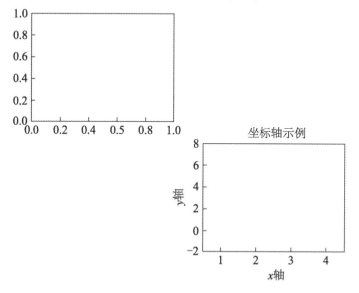

图 2-2　显示第 1 个 Axes 和第 4 个 Axes

Matplotlib 库还提供了一种方法，可以在同一个 Figure 对象上一次性创建所有的 Axes，并以二维数组的形式访问，这就使得循环绘图变得十分便利。其中，plt.subplots_adjust (wspace=0.4, hspace=0.4)方法用于调整 Axes 周围的边距，代码如下。

```
fig = plt.figure()
fig, axes = plt.subplots(nrows=2, ncols=2)
axes[0, 0].set(title='左上')
axes[0, 1].set(title='右上')
axes[1, 0].set(title='左下')
axes[1, 1].set(title='右下')
plt.subplots_adjust(wspace=0.4, hspace=0.4)
plt.show()
```

输出结果如图 2-3 所示。

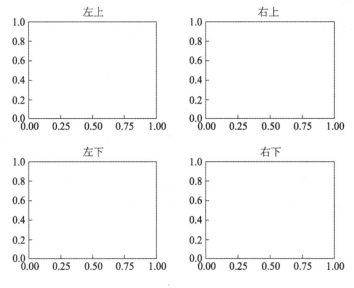

图 2-3　显示所有的 Axes

下面对 Matplotlib 库的 pyplot 模块的绘图基础语法与常用参数进行介绍。pyplot 模块的基础语法及常用参数说明如表 2-3 所示。

表 2-3　pyplot 模块的基础语法及说明

基础语法	说明
plt.figure	创建空白画布
figure.add_subplot	向 Figure 对象添加一个 Axes 作为布局的一部分
plt.title	设置标题
plt.xlabel	设置 x 轴名称
plt.ylabel	设置 y 轴名称
plt.xlim	设置 x 轴的取值范围
plt.ylim	设置 y 轴的取值范围
plt.xticks	获取或设置当前 x 轴刻度的位置和标签

续表

基础语法	说明
plt.yticks	获取或设置当前 y 轴刻度的位置和标签
plt.legend	设置图例
plt.savefig	保存图形，可保存到指定路径
plt.show	显示图形

下面分别讲解散点图、条形图、折线图和饼图的绘制方法。

1. 散点图

散点图通常用于回归分析，能够描述数据点在直角坐标系平面上的分布。

散点图可以显示因变量随自变量变化的趋势，以便选择适当的函数对数据点进行拟合分析。散点图的主要参数及说明如表 2-4 所示。

表 2-4　散点图的主要参数及说明

主要参数	说明
x、y	表示数据的坐标
s	标记的大小，可自定义
c	标记的颜色，可自定义
alpha	标记的透明度，可自定义

下面通过 Matplotlib 库的 pyplot 模块绘制散点图，代码如下。

```
import matplotlib.pyplot as plt
import numpy as np
x = np.array([1, 2, 3, 4, 5, 6, 7, 8])
y = np.array([1, 4, 9, 16, 7, 11, 23, 18])
plt.scatter(x, y)
plt.show()
```

输出结果如图 2-4 所示。

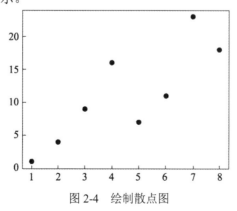

图 2-4　绘制散点图

同时，我们还可以通过设置随机数来绘制散点图，并且给每个点设置颜色及透明度，使生成的图表更加美观，代码如下。

```
import numpy as np
import matplotlib.pyplot as plt
# 随机数生成器的种子
np.random.seed(19680801)
N = 50
x = np.random.rand(N)
y = np.random.rand(N)
colors = np.random.rand(N)
area = (30 * np.random.rand(N)) ** 2
plt.scatter(x, y, s=area, c=colors, alpha=0.5)    # 设置点的颜色及透明度
plt.title("散点图示例")
plt.show()
```

输出结果如图 2-5 所示。

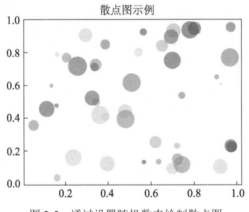

图 2-5   通过设置随机数来绘制散点图

2. 条形图

条形图用等宽直条的长短来体现数据量。条形图可以横置或纵置，纵置时也称为柱状图。此外，条形图有简单条形图、复式条形图等形式。条形图的主要参数及说明如表 2-5 所示。

表 2-5   条形图的主要参数及说明

主要参数	说明
x	数据源
height	条形图的高度
width	条形图的宽度

主要参数	说明
bottom	y 轴的基准，默认值为 0
align	x 轴的位置，默认为 center
color	条形图的颜色
edgecolor	边缘的颜色
linewidth	边的宽度，无边框时宽度为 0

下面基于电影票房前 10 的电影数据绘制条形图，代码如下。

```
from matplotlib import pyplot as plt
a = ['战狼 2', '速度与激情 8', '功夫瑜伽', '西游伏妖篇', '变形金刚', '摔跤吧！爸爸', '加勒
比海盗', '金刚：骷髅岛', '极限特工', '生化危机 6']
b = [56.01, 26.94, 17.53, 16.49, 15.45, 12.96, 11.8, 11.61, 11.28, 11.12]
#设置字体样式
plt.rcParams['font.sans-serif ' ] = ['SimHei', 'Times New Roman']
plt.rcParams['axes.unicode_minus'] = False
#plt.bar()方法可以绘制条形图
#需要向 plt.bar()方法传入 x 轴刻度数目、y 轴的数值、单个直方图的宽度
plt.bar(range(len(a)), b, width=0.3)
#plt.xticks()用于设置 x 轴上的刻度位置和标签
plt.xticks(range(len(a)), a, rotation=20)    #  参数 rotation 用于指定字体倾斜角度
plt.grid(False)
plt.show()
```

输出结果如图 2-6 所示。

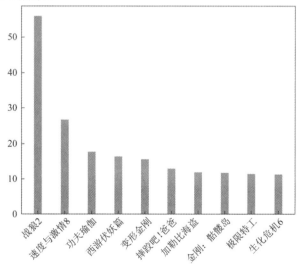

图 2-6　绘制条形图

3. 折线图

折线图是用直线连接坐标系上的数据点而绘制成的图形，非常适用于显示相同时间间隔下数据的变化趋势。

折线图的主要参数及说明如表 2-6 所示。

表 2-6　折线图的主要参数及说明

主要参数	说明
color	设置字体颜色，可选的参数有 b、g、r、c、m、y、k、w、blue、green、red 等
linewidth	设置线条的粗细程度
linestyle	设置线条形状，"-"表示实线，"--"表示虚线，"-."表示短线加点
label	数据标签内容

以某日的气温为例，绘制气温变化折线图，代码如下。

```python
import random
import matplotlib.pyplot as plt
plt.figure()
x = range(2, 26, 2)
y = [random.randint(15, 30) for i in x]
x_ticks_label = ["{}:00".format(i) for i in x]
plt.xticks(x, x_ticks_label, rotation=45)
y_ticks_label = ['{}℃'.format(i) for i in range(min(y), max(y) + 1)]
plt.xlabel("时间")
plt.ylabel("气温/℃")
plt.yticks(range(min(y), max(y) + 1), y_ticks_label)
plt.plot(x, y, color='red', alpha=0.8, marker='o', linestyle='--', linewidth=1)
plt.show()
```

输出结果如图 2-7 所示。

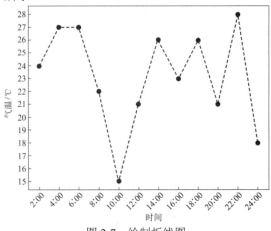

图 2-7　绘制折线图

4. 饼图

饼图将圆形按比例划分为不同的部分，用于显示一个数据集中各项的占比。饼图的主要参数及说明如表 2-7 所示。

表 2-7 饼图的主要参数及说明

主要参数	说明
label	设置图内各个部分的文字说明
explode	指定每个饼图中各个部分偏离中心的程度
startangle	起始绘制角度，默认从 x 轴正向逆时针画起
shadow	绘制阴影，默认值为 False
labeldistance	设置文字说明绘制的位置，如果值小于 0，则说明文字在饼图内侧，反之则为饼图外侧
autopct	设置饼图内数据百分比显示设置
pctdistance	类似于 labeldistance，控制 autopct 的位置
radius	控制饼图半径，默认值为 1
textprops	设置标签和文字格式

以某家庭 10 月份的支出为例，绘制支出饼图，代码如下。

```
import matplotlib.pyplot as plt
labels = ['娱乐', '教育', '饮食', '贷款', '交通', '其他']
sizes = [4, 10, 18, 60, 2, 6]
explode = (0, 0, 0, 0.1, 0, 0)
plt.figure(figsize=(10, 7))
#plt.pie()方法用于绘制饼图
plt.pie(sizes, explode=explode, labels=labels, autopct='%1.1f%%',
shadow=False, startangle=150)
plt.title("家庭支出")
plt.show()
```

输出结果如图 2-8 所示。

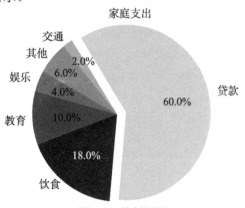

图 2-8 绘制饼图

2.5 实践操作

本节将对经典的鸢尾花数据集进行回归分析和数据可视化展示，具体操作过程如下。

1. 数据准备

首先在 JetBrains 网站下载并安装 PyCharm。然后打开 PyCharm，选择 PyCharm 2020.3.5
版本。

如图 2-9 所示，创建新项目 Iris 和 iris.py 文件。

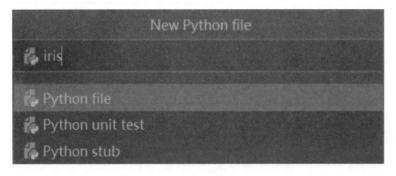

图 2-9　创建 iris.py 文件

引入 sklearn 库中的 iris 数据集并输出，代码如下。

```
from sklearn import datasets
import pandas as pd
iris_datas = datasets.load_iris()
print(iris_datas.data)
```

输出结果如图 2-10 所示。

```
[[5.1 3.5 1.4 0.2]
 [4.9 3.  1.4 0.2]
 [4.7 3.2 1.3 0.2]
 [4.6 3.1 1.5 0.2]
 [5.  3.6 1.4 0.2]
 [5.4 3.9 1.7 0.4]
 [4.6 3.4 1.4 0.3]
 [5.  3.4 1.5 0.2]
 [4.4 2.9 1.4 0.2]
```

图 2-10　鸢尾花数据集（此处只展示部分数据集）

该数据集包含 4 个特征变量，共有 150 个样本。

这些特征变量的含义分别是花萼长度（Sepal Length）、花萼宽度（Sepal Width）、花瓣长度（Petal Length）和花瓣宽度（Petal Width）。

target 是一个数组，其中存储了 data 中每条记录的植物种类，数组的长度是 150。然后在上述代码末尾追加如下代码，可输出鸢尾花的种类。

```
print(iris_datas.target)
```

输出结果如图 2-11 所示。

```
[0 0 0 0 0 0 0 0 0 0 0 0 0 0 0 0 0 0 0 0 0 0 0 0 0 0 0 0 0 0 0 0 0 0 0 0 0
 0 0 0 0 0 0 0 0 0 0 0 0 0 1 1 1 1 1 1 1 1 1 1 1 1 1 1 1 1 1 1 1 1 1 1 1 1
 1 1 1 1 1 1 1 1 1 1 1 1 1 1 1 1 1 1 1 1 1 1 1 1 1 2 2 2 2 2 2 2 2 2 2 2 2
 2 2 2 2 2 2 2 2 2 2 2 2 2 2 2 2 2 2 2 2 2 2 2 2 2 2 2 2 2 2 2 2 2 2 2 2 2
 2 2]
```

图 2-11　鸢尾花的种类

类别变量 0、1、2 分别表示山鸢尾（Setosa）、变色鸢尾（Versicolor）、维吉尼亚鸢尾（Virginica）。

2. 散点图绘制

我们采用 Matplotlib 库绘制散点图的方法，对鸢尾花数据集所包含的信息以散点图的形式进行展示。

首先，载入鸢尾花数据集的数据 data 和标签 target，获取其中两列数据，将两列数据的值赋给 X 和 Y 变量，然后调用 scatter()函数绘制散点图，代码如下。

```
import matplotlib.pyplot as plt
from sklearn.datasets import load_iris
iris = load_iris()
print(iris.data)    # 输出数据集
print(iris.target)  # 输出标签
# 获取鸢尾花的两列数据
datas = iris.data
X = [x[0] for x in datas]   # 花萼长度
Y = [x[1] for x in datas]   # 花萼宽度
plt.scatter(X[:50], Y[:50], color='red', marker='o', label='Setosa')
plt.scatter(X[50:100], Y[50:100], color='blue', marker='x',
label='Versicolor')
plt.scatter(X[100:], Y[100:], color='green', marker='+', label='Virginica')
plt.legend(loc=2)
plt.show()
```

输出结果如图 2-12 所示。

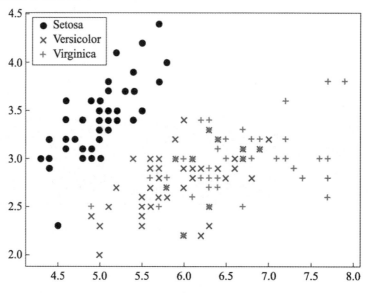

图 2-12　不同种类鸢尾花的花萼长度与花萼宽度的散点图

3. 逻辑斯谛回归分析

从图 2-12 可以看到，数据集共分为 3 类，分别对应 3 种类型的鸢尾花。下面采用逻辑斯谛回归对数据集进行分类预测。

首先，载入数据集，并获取鸢尾花的后两列数据，代码如下。

```
import matplotlib.pyplot as plt

import numpy as np

from sklearn.datasets import load_iris

from sklearn.linear_model import LogisticRegression

iris = load_iris()

X = X = iris.data[:, 2:]

Y = iris.target
```

其次，生成逻辑斯谛回归（Logistic Regression）模型对象，并进行训练。逻辑斯谛回归是指通过分析历史数据点的分布特征来进行分类，在上述代码的末尾追加如下代码即可。

```
lr = LogisticRegression()

lr.fit(X, Y)
```

然后，获取花瓣长度和花瓣宽度数据。先取二维数组第 1 列的最小值、最大值和步长以生成新的数据集，该数据集将用于模型预测，第 2 列同理。接下来用 meshgrid() 函数生成两个矩阵 xx 和 yy。meshgrid() 函数还可以用于数据扩张，例如将一维数据扩张并与其他数据联合构成网状数据。代码如下。

```
h = 0.02
```

```
x_min, x_max = X[:, 0].min() - 0.5, X[:, 0].max() + 0.5
y_min, y_max = X[:, 1].min() - 0.5, X[:, 1].max() + 0.5
xx, yy = np.meshgrid(np.arange(x_min, x_max, h), np.arange(y_min, y_max, h))
```

ravel()函数可将 xx 和 yy 两个大小相等的二维数组展开为如下所示的一维数组。

$$[\ 3.8 \quad 3.82 \quad 3.84 \ \cdots, \quad 8.36 \quad 8.38 \quad 8.4\ ]$$
$$[\ 1.5 \quad 1.5 \quad 1.5 \ \cdots, \quad 4.9 \quad 4.9 \quad 4.9]$$

调用 np.c_[xx.ravel(), yy.ravel()]可以将两个一维数组按列堆叠为如下所示的二维数组。

$$[[\ 3.8 \quad 1.5\ ]$$
$$[\ 3.82 \quad 1.5\ ]$$
$$[\ 3.84 \quad 1.5\ ]$$
$$\vdots$$
$$[\ 8.36 \quad 4.9\ ]$$
$$[\ 8.38 \quad 4.9\ ]$$
$$[\ 8.4 \quad 4.9\ ]]$$

最后调用 predict()函数进行预测，并将预测结果复制给 Z，然后调用 reshape()函数来修改图形的形状（形状变为与 xx 相同），代码如下。

```
Z = lr.predict(np.c_[xx.ravel(), yy.ravel()])
Z = Z.reshape(xx.shape)
```

pcolormesh()函数将 xx、yy 两个网格矩阵和对应的预测结果 Z 以网格图的形式进行绘制，代码如下。观察图 2-13 后可以发现，输出为 3 个颜色区块，分别表示 3 类区域。

```
plt.figure(1, figsize=(8, 6))
plt.pcolormesh(xx, yy, Z, cmap=plt.cm.tab20)
```

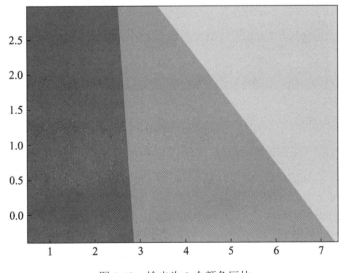

图 2-13　输出为 3 个颜色区块

然后调用 scatter()函数绘制散点图，其中，第 1 个参数为原 iris 数据集中第 1 列数据（花瓣长度），第 2 个参数表示第 2 列数据（花瓣宽度），第 3 个参数与 4 个参数表示设置数据点的颜色为红色、点样式为圆圈，代码如下。

```
plt.scatter(X[:50, 0], X[:50, 1], color='red', marker='o', label='Setosa')

plt.scatter(X[50:100, 0], X[50:100, 1], color='blue', marker='x', label='Versicolor')

plt.scatter(X[100:, 0], X[100:, 1], color='green', marker='s', label='Virginica')

plt.xlabel('花瓣长度')

plt.ylabel('花瓣宽度')

plt.xlim(xx.min(), xx.max())

plt.ylim(yy.min(), yy.max())

plt.xticks(())

plt.yticks(())

plt.legend(loc=2)

plt.show()
```

输出结果如图 2-14 所示。

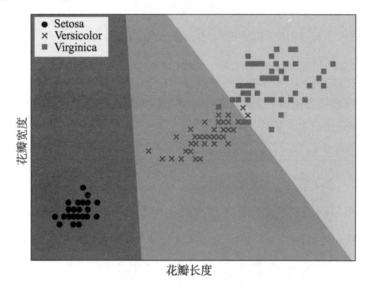

图 2-14　输出结果

可以看到，经过逻辑斯谛回归后数据集划分为 3 个区域，左侧部分为圆形，对应山鸢尾（Setosa），右上角部分为方块，对应维吉尼亚鸢尾（Virginica），中间部分为星形，对应变色鸢尾（Versicolor）。散点图表明了各数据点真实的类型，划分的 3 个区域为数据点预测的类型，预测的分类结果与训练数据的真实结果基本一致。

2.6　小结

Python 在数据分析领域具有举足轻重的地位，这得益于其丰富的库。从科学计算领域的 NumPy、pandas 到实用美观的 Matplotlib 库，Python 已经成为学习大数据技术不可或缺的工具。

2.7　课后习题

（1）创建一个长度为 10 且一维全为 0 的 ndarray 对象，并让第 5 个元素等于 1。

（2）创建一个元素为从 10 到 49 的 ndarray 对象。

（3）创建 4×4 的二维数组，并输出数组元素类型。

（4）创建数组，要求该数组可以将坐标位置从（0, 1, 3）到（3, 0, 1）进行转置。

（5）创建二维数组，使用索引的方式获取第 2 行第 1 列和第 3 行第 2 列的数据。

（6）使用切片的方式获取第 5 题中数组第 1 行、第 2 行以及第 2 行、第 3 列的数据。

（7）创建 Series 并赋值给名为 x 的变量，其值为 0 到 9，index 值为 A0 到 A9。

（8）创建 Series 并赋值给名为 y 的变量，其值为 0 到 20 之间的偶数（不包括 20），index 值为 A0 到 A9。

（9）根据第 7 题和第 8 题得到的 x、y 变量，计算并查看 x+y、x×y 的结果。

（10）A 超市最近有一次促销活动，下表为促销活动中销售量最高的 4 种商品。

编号	名称	类别	价格（元）	销量
0237	牙膏	日用品	8.5	420
0653	洗衣液	日用品	33	240
2059	订书机	文具	14.5	180
7230	方便面	食品	3.6	1050

在本地创建超市促销.xlsx 文件，通过 Python 读取该表并赋值给 d_sale。

1）将牙膏的价格修改为 9.5，将前两种商品的类别改为"清洁用品"。

2）计算 4 种商品的销售额，并将该值加在 d_sale 的最后一列，查看 d_sale。

3）查看该表中销售额最高的商品的所有信息。

（11）用 Pyplot 方法绘制出 x=(0,10)区间的 sin 函数图像。

（12）用点加线的方式绘制出 x=(0,10)区间的 sin 函数图像。

（13）按照 2.5 节的相关内容，在自己的计算机上完成实践操作。

第3章

Kafka

Kafka 是一种分布式、基于发布和订阅模式的消息队列，它会以副本形式将消息数据顺序保存在磁盘中，这样做能够确保数据存储的安全性。

如果存在两个需要进行通信的异步系统，而且数据的生产者和消费者之间的处理速度差异较大，那么可以将 Kafka 作为中间件。

3.1 Kafka 介绍

Kafka 最初由 LinkedIn 公司开发，具备高吞吐、可扩展、高可用等特点，且易于部署，还提供了丰富的接口。

3.1.1 Kafka 的基本架构

如图 3-1 所示，一个典型的 Kafka 集群包含若干 Broker。其中，Producer（生产者）使用 Push（推送）模式将消息发布到 Broker，Consumer（消费者）使用 Pull（拉取）模式从 Broker 订阅并消费消息，ZooKeeper 则负责管理集群配置。

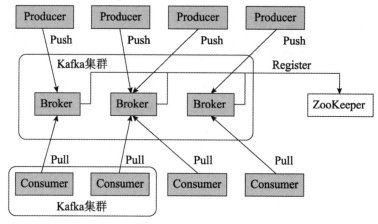

图 3-1　Kafka 的基本架构

- Broker（消息中间件处理节点）：独立的 Kafka 服务器被称为 Broker，它接收来自生产者的消息，能够为消息设置偏移量并将消息保存到磁盘。Broker 不保存生产者和消费者的相关信息。

- Topic（主题）：Kafka 中的消息以主题为单位进行划分，相当于对消息进行分类，类似于数据库中的表。
- Partition（分区）：主题可分为若干分区，数据集可分成多份并存储在不同的分区中，同一主题的分区可以在不同的机器上。
- Producer（生产者）：生产者负责创建消息，是向主题发布消息的客户端。
- Consumer（消费者）：消费者是订阅主题消息并消费消息的客户端。
- Consumer Group（消费者群组）：消费者群组由多个消费者组成，一个消息可以被多个消费者群组消费，如图 3-2 所示。但是，当主题中的消息被一个消费者群组消费时，每个消息只能被一个消费者消费，不能出现一个消息被多个消费者消费多次的情况。

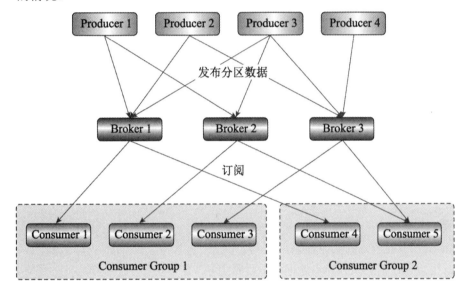

图 3-2　消费者群组

- Offset（偏移量）：消息在分区中的唯一标识，通过它保证消息在分区内的顺序。
- Replication（副本）：一个分区可以设置一个或多个副本，副本能够确保系统持续提供服务而不丢失数据。
- Rebalance（重平衡）：是指当某个消费者实例宕机，有新的消费者进入或有消费者退出时，其他消费者实例自动重新分配主题分区的过程，它是实现高可用的重要手段。
- ZooKeeper（分布式应用程序协调服务）：用于协调和管理 Kafka 集群，确保集群的高可用性和一致性。

如图 3-3 所示，ZooKeeper 集群由一组服务器构成，集群中的每台机器都会在内存中独立维护自身状态，并保持通信。Kafka 通过 ZooKeeper 管理集群配置，每个 Broker 在启动时都会在 ZooKeeper 中进行注册，同时 ZooKeeper 也负责选举 Leader（核心节点）并在消费者群组发生变化时进行重平衡。

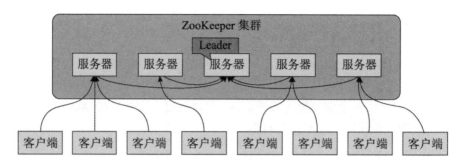

图 3-3　ZooKeeper 集群的架构

3.1.2　Kafka 的作用

Kafka 的作用可概括为解耦、异步处理、削峰。

1. 解耦

Kafka 具有很好的解耦作用。

随着软件规模的增加,为了防止软件的各个部分紧密耦合,可以将软件解耦,拆分成组件或者模块。代码的耦合程度越低,越容易维护和扩展。另外,每个组件或模块都可以独立开发,并且通过公开的 API 被其他组件或模块调用。

在传统的同步调用中,生产者的代码必须依赖消费者的处理逻辑,代码也需要直接耦合。如果使用 Kafka,那么这两部分的代码则不需要任何耦合,即可遵循多个生产者发布消息,多个消费者处理消息,共同完成业务的处理逻辑。

2. 异步处理

Kafka 在异步处理方面具有显著的优势。

Kafka 可以通过消息队列异步处理不重要的业务,使开发者专注于核心业务逻辑。

在高并发环境下,同步处理滞后可能会导致请求堵塞。例如,当大量的插入、更新请求同时到达 MySQL 时,会直接导致出现无数的行锁(即锁住某一行,锁可以保证数据的完整性和一致性)、表锁(锁定整个表以防止多个事务同时修改同一资源),甚至会因为请求堆积过多而触发错误。使用 Kafka 后,用户请求的数据可以在发送到 Kafka 后立即返回,而消费者进程则可以从 Kafka 中获取数据,最终异步写入数据库。

由于 Kafka 的处理速度远快于数据库,因此能够有效改善用户的响应延迟问题。

3. 削峰

Kafka 具有很好的削峰作用。

削峰是指通过异步处理,将短时间高并发产生的事务消息存储在 Kafka 中,从而削平高峰期的并发事务。

在电商网站促销活动中,合理使用 Kafka,可以有效抵御促销活动初期订单大量涌入对系统造成的冲击。

需要注意的是，由于数据写入 Kafka 后将立即返回给用户，但是后续的业务校验、写数据库等操作可能会失败，因此，在使用 Kafka 进行业务异步处理后，需要适当修改业务流程，如提交订单后，订单数据将写入 Kafka，此时不能立即返回用户订单提交成功，而是需要在 Kafka 的订单消费者进程真正处理完该订单后，甚至商品出库后，再通过电子邮件或消息通知用户订单提交成功，以避免产生交易纠纷。

3.2 Kafka 的重要特性

Kafka 是目前用途非常广的消息队列系统之一，本节我们将对 Kafka 的特性进行介绍。

3.2.1 高吞吐

Kafka 通过顺序读写磁盘降低了寻址时的开销，同时提供了和内存随机读写一样快的读写速度。另外，Kafka 还实现了零拷贝以加速数据传输，避免内核之间的来回切换。

Kafka 采用了一些措施来实现高吞吐，具体如下。

1. 顺序读写

磁盘存储具有成本低、存储能力强和数据持久化好等优势。而 Kafka 则通过利用分段式、只追加的日志，将读写操作限制为顺序执行，进而提升磁盘读写速度。为了弥补磁盘的访问速度与内存之间的差距，Kafka 利用分页存储来提高读写效率，实现文件到物理内存的直接映射，把对磁盘的访问转变为对内存的访问。

2. 零拷贝

当消费者读取数据时，服务器的磁盘文件将通过网络发送到消费者进程，一般的步骤如下：

1）操作系统将数据从磁盘读入内核空间的页面缓存；

2）应用程序将数据从内核空间读入用户空间缓存区；

3）应用程序将读取的数据写回内核空间并放入套接字缓冲区；

4）操作系统将数据从套接字缓冲区复制到网卡接口，此时数据才能通过网络发送。

Kafka 采用零拷贝技术，只须首先将磁盘文件的数据复制到页面缓存一次，然后将数据从页面缓存直接发送到网络即可。这一技术取消了内核与应用程序缓存之间的传输，极大简化了数据传输流程。

3. 批量发送

Kafka 采用"攒一批消息再发送"的策略。通过设置批量发送消息的数量和等待发送延迟时间，生产者将不断积攒消息，在消息达到一定的数量或等待发送延迟时间到达时，才会将消息批量发送到 Kafka，这样做能够降低生产者发送消息的 I/O 次数，提高消息发送效率。

4. 端到端批量数据压缩

在网络带宽成为性能瓶颈的情况下，Kafka 使用了端到端批量数据压缩的方法，即客户端的消息在被压缩后（压缩批量文件会获得更好的压缩效果）送到服务器，最后发送给消费者，消息只有在消费者使用时才会被解压缩。

3.2.2　高可用

Kafka 支持对主题进行分区，并且为每个主题配置一定数量的副本。在这些副本中，Kafka 会选举一个 Leader（核心节点，或称为主节点）后对外提供服务，而其他副本则作为 Follower（从节点），通过与 Leader 保持心跳通信来进行数据同步。

Kafka 能够自动在每个副本上进行数据备份，以确保即使某个节点崩溃，数据依然可用。

1. Controller 选举

在实际应用中，Kafka 管理着成千上万个分区。它会尽量保证所有分区均匀地分布在集群的各个节点中。优化 Leader 的选举过程十分重要，因为它决定了系统发生故障时空窗期的时间长度。

Kafka 会先将一个节点选作 Controller，以负责监控节点的状态，当发现某个节点崩溃时，Controller 会在分区的所有节点中重新选择 Leader，以高效地批量管理节点的主从关系。如果 Controller 崩溃，那么集群中存活的节点会选择一个新的 Controller。

Kafka 通过如下两个条件来判断一个节点是否存活：

● 如果节点是 Follower，那么该节点必须能及时同步 Leader 的写操作，延迟不能太长；
● 节点必须可以维护和 ZooKeeper 的连接，ZooKeeper 会通过心跳机制检查每个节点的连接状态。

2. Leader 选举

一旦 Leader 宕机，那么 Kafka 需要从 Follower 中选择一个新的 Leader。

Kafka 通过动态维护目前存活的 Follower 的集合 ISR（In-Sync Replicas，副本同步队列）来实现 Leader 选举。需要选举新 Leader 时，Kafka 会在 ISR 中将一个 Follower 选作新的 Leader。如果某个 Follower 长期没有与 Leader 进行心跳通信或其同步的消息严重滞后于 Leader 存储的消息，那么该 Follower 将会被移除。

但是，如果 Follower 全部宕机，而且在 ISR 中没有存活的副本时，有以下两种选择：

● 等待 ISR 中的任何一个节点恢复并担任 Leader；
● 将所有节点中（不只是 ISR 中）第一个恢复的节点选作 Leader。

这是可用性和连续性的权衡问题。一方面，如果 ISR 中的节点无法恢复或者数据丢失，那么集群永远无法恢复；另一方面，如果等待 ISR 之外的节点恢复，这个节点的数据就会被当作线上数据，因为有些数据可能还未完全同步，所以可能和真实的数据有差异。

3.3　安装与配置

本节将介绍如何进行 ZooKeeper 和 Kafka 的安装与配置。

3.3.1　ZooKeeper 的安装与配置

ZooKeeper 是 Kafka 集群的必要组件，Kafka 需要通过 ZooKeeper 来管理集群配置。

本次实验将在 Linux 操作系统中进行。读者首先在 ZooKeeper 官网下载安装包（本次实验选择的 ZooKeeper 版本是 3.4.12），然后将其上传到 Master 的/tmp 目录下，并解压到/usr 目录下，代码如下。

```
rz
tar zxvf zookeeper-3.4.12.tar.gz
```

在 Master、Slave0 和 Slave1 的/etc/profile 配置文件的末尾追加如下代码，并执行命令"source/etc/profile"使配置生效。

```
export ZOOKEEPER_HOME=/usr/zookeeper-3.4.12
export PATH=$PATH:$ZOOKEEPER_HOME/bin
```

找到/usr/zookeeper-3.4.12/conf 目录中的 zoo_sample.cfg 文件，复制并重命名为 zoo.cfg，代码如下。

```
cd /usr/zookeeper-3.4.12/conf
cp zoo_sample.cfg zoo.cfg
```

编辑 zoo.cfg 配置文件，关键修改内容如下。

```
tickTime=2000
initLimit=10
syncLimit=5
dataDir=/tmp/zookeeper/data
dataLogDir=/tmp/zookeeper/log
clientPort=2181
server.1=Master:2888:3888
server.2=Slave0:2888:3888
server.3=Slave1:2888:3888
```

注意，server 的后面有编号 1、2、3，这非常重要，它指定了 3 台虚拟机在 ZooKeeper 中的 ID，不可省略，在后面的操作中会用到这些编号。

在 Master、Slave0 和 Slave1 的/tmp 目录下分别创建 zookeeper/data 和 zookeeper/log 两个目录，代码如下。

```
mkdir -p /tmp/zookeeper/data
mkdir -p /tmp/zookeeper/log
```

在 Master、Slave0 和 Slave1 的/tmp/zookeeper/data 目录下分别创建 myid 文件，并在文

件中分别写入 1、2、3，代码如下。

```
cd /tmp/zookeeper/data/
vi myid
```

将/usr 目录下配置好的 zookeeper-3.4.12 文件夹发送到 Slave0 和 Slave1 的/usr 目录下，代码如下。

```
scp -r zookeeper-3.4.12 Slave0:/usr/
scp -r zookeeper-3.4.12 Slave1:/usr/
```

依次在 Master、Slave0 和 Slave1 上输入命令"zkServer.sh start"，启动 ZooKeeper 服务，并输入命令"zkServer.sh status"以查看状态信息。3 台机器的状态信息如图 3-4 到图 3-6 所示。

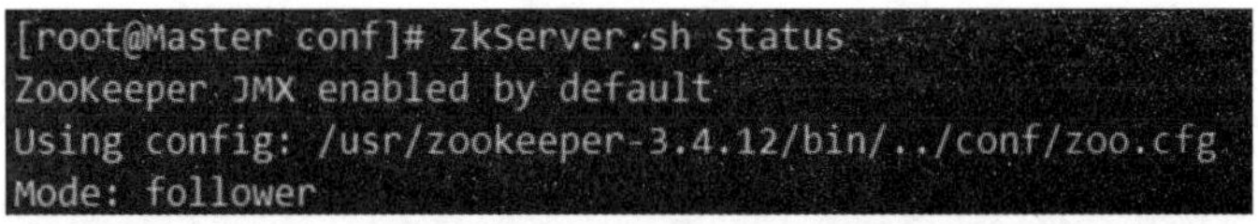

```
[root@Master conf]# zkServer.sh status
ZooKeeper JMX enabled by default
Using config: /usr/zookeeper-3.4.12/bin/../conf/zoo.cfg
Mode: follower
```

图 3-4   Master 的状态信息

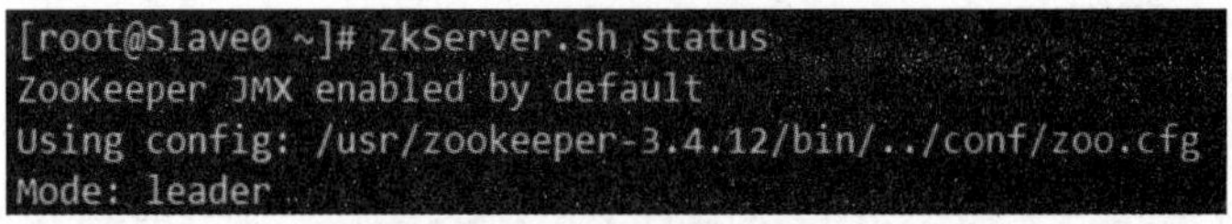

```
[root@Slave0 ~]# zkServer.sh status
ZooKeeper JMX enabled by default
Using config: /usr/zookeeper-3.4.12/bin/../conf/zoo.cfg
Mode: leader
```

图 3-5   Slave0 的状态信息

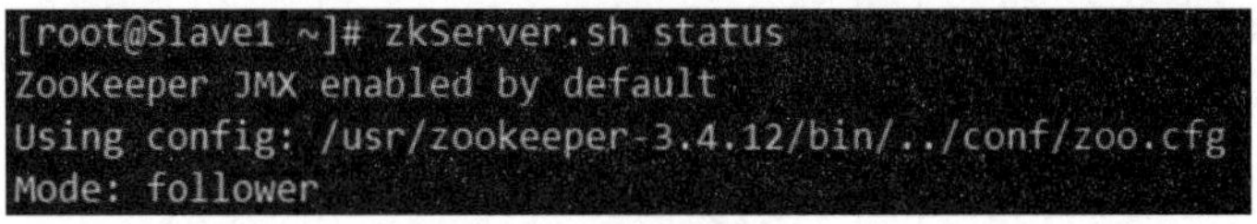

```
[root@Slave1 ~]# zkServer.sh status
ZooKeeper JMX enabled by default
Using config: /usr/zookeeper-3.4.12/bin/../conf/zoo.cfg
Mode: follower
```

图 3-6   Slave1 的状态信息

可以看到，Slave0 成为 3 台机器的 Leader，而 Master 和 Slave1 是 Follower，这表明 ZooKeeper 启动成功。

3.3.2   Kafka 的安装与配置

安装完 ZooKeeper 后，还需要安装 Kafka。

本书选择的版本是 kafka_2.12-2.0.0，读者可以从 Kafka 官网下载对应版本。

将 Kafka 安装包上传到/tmp 目录下，并解压到/usr 目录下，代码如下。

```
rz
tar zxvf kafka_2.12-2.0.0.tar.gz -C /usr
```

在/etc/profile 配置文件的末尾追加如下代码，并执行命令"source /etc/profile"使配置生效。

```
export KAFKA_HOME=/usr/kafka_2.12-2.0.0
export PATH=$PATH:$KAFKA_HOME/bin
```

修改/usr/kafka_2.12-2.0.0/config 目录下的 server.properties 文件（以 Master 为例），代码

如下。重点修改 3 个参数：broker.id 标识本机（之所以示例代码为 1，是因为 Master 的 myid 是 1）、log.dirs 指定 Kafka 接收的消息的存放路径、zookeeper.connect 指定连接的 ZooKeeper 集群地址。

```
broker.id=1
log.dirs=/tmp/kafka-logs
zookeeper.connect=Master:2181,Slave0:2181,Slave1:2181
```

将/usr 目录下的 kafka_2.12-2.0.0 文件夹及其内容复制到 Slave0 和 Slave1 的/usr 目录下，并修改两台机器的/usr/kafka_2.12-2.0.0/config 目录下的 server.properties 文件，将 broker.id 依次改为 2 和 3，代码如下。

```
scp -r /usr/kafka_2.12-2.0.0/ Slave0:/usr/
scp -r /usr/kafka_2.12-2.0.0/ Slave1:/usr/
```

首先在 Master、Slave0 和 Slave1 上输入命令"zkServer.sh start"以启动 ZooKeeper 集群。然后在/usr 目录下输入命令，启动集群，代码如下。

```
zkServer.sh start
./kafka_2.11-1.1.0/bin/kafka-server-start.sh- daemon ./kafka_2.11-1.1.0/config
/server.properties &
```

3.4　实践操作

在本节中，我们将在集群上创建 Produce、Consumer 和 Topic，在虚拟机间发布消息，实现简单的 Kafka 操作。具体步骤如下。

1. 熟悉 Kafka 集群环境

登录 Master、Slave0 和 Slave1，输入命令"zkServer.sh start"以启动 ZooKeeper 集群，在/usr 目录下输入如下代码，启动 Kafka。

```
zkServer.sh start
./kafka_2.12-2.0.0/bin/kafka-server-start.sh- daemon ./kafka_2.12-2.0.0/config
/server.properties &
```

在 3 台机器上依次输入命令"jps"，如果出现"Kafka"字样，则代表 Kafka 启动成功。在/usr 目录下创建 Topic，名称为 kfk_test，代码如下。

```
./kafka_2.12-2.0.0/bin/kafka-topics.sh --create --zookeeper Master:2181,Slave0:2181,
Slave1:2181 --replication-factor 3 --partitions 6 --topic kfk_test.
```

查看 Kafka 已有的 Topic，代码如下。

```
./kafka_2.12-2.0.0/bin/kafka-topics.sh --list --zookeeper Master:2181,Slave0
:2181,Slave1:2181
```

输出结果如图 3-7 所示。

图 3-7　查看已有的 Topic

2. 简单使用 Kafka 集群

登录 Master、Slave0 和 Slave1，进入/usr/kafka_2.12-2.0.0/bin 目录，代码如下。

```
cd /usr/kafka_2.12-2.0.0/bin/
```

在 Master 的/usr/kafka_2.12-2.0.0/bin/目录下运行如下代码，创建 Topic。

```
./kafka-topics.sh --create --zookeeper Master:2181,Slave0:2181,Slave1:2181 --topic
"mytopic" --partitions 3 --replication-factor 1
```

在 Master 的/usr/kafka_2.12-2.0.0/bin/目录下运行如下代码，创建 Producer。

```
./kafka-console-producer.sh --broker-list Master:9092,Slave0:9092,Slave1:9092 --topic
"mytopic"
```

在 Slave0 的/usr/kafka_2.12-2.0.0/bin/目录下运行如下代码，创建 Consumer。

```
./kafka-console-consumer.sh --bootstrap-server Slave0:9092 --topic "mytopic"
```

在 Master 上输入"I love Kafka!"，如图 3-8 所示。

图 3-8　输入数据

在数据传输完成后，可在 Slave0 上看到如图 3-9 所示的数据传输结果。

图 3-9　数据传输结果

3. 使用 Python 操作 Kafka

在 Master 上运行 Python 命令行。运行如下代码可创建 Consumer，并进入等待状态，等待 Kafka 生成新消息。

```
>>> from kafka import KafkaConsumer
>>> consumer = KafkaConsumer('mytopic',bootstrap_servers=['Slave0:9092'])
>>> for message in consumer:
...        print("%s:%d:%d: key=%s value=%s" % (message.topic, message.partition,
message.offset, message.key,message.value))
...
```

在 Slave0 上运行 Python 命令行。运行如下代码创建 Producer。

```
>>> from kafka import KafkaProducer
>>> from kafka.errors import KafkaError
>>> producer = KafkaProducer(bootstrap_servers=['Master:9092','Slave0:9092',
```

'Slave1:9092'])

在 Slave0 上运行如下代码，使 Producer 创建简单消息。

```
>>> future = producer.send('mytopic', b'raw_bytes')
>>> try:
...         record_metadata = future.get(timeout=10)
... except KafkaError:
...         log.exception()
...
>>> print (record_metadata.topic)
mytopic
>>> print (record_metadata.partition)
2
>>> print (record_metadata.offset)
2
```

在 Master 上可以观察到消费进程输出数据，如图 3-10 所示。

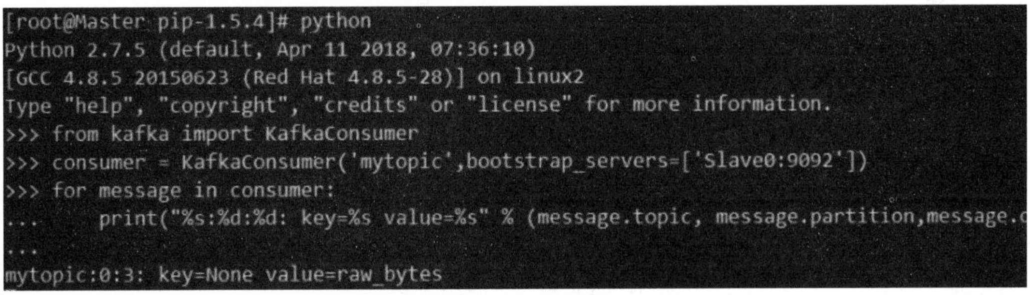

图 3-10　消费进程输出数据（1）

Producer 会创建带关键词的数据。Kafka 能够根据关键词进行分区匹配，代码如下。

```
>>> producer.send('mytopic', key=b'foo', value=b'bar')
<kafka.producer.future.FutureRecordMetadata object at 0x7fbc9df91290>
```

在 Master 上可以观察到消费进程输出数据，如图 3-11 所示。

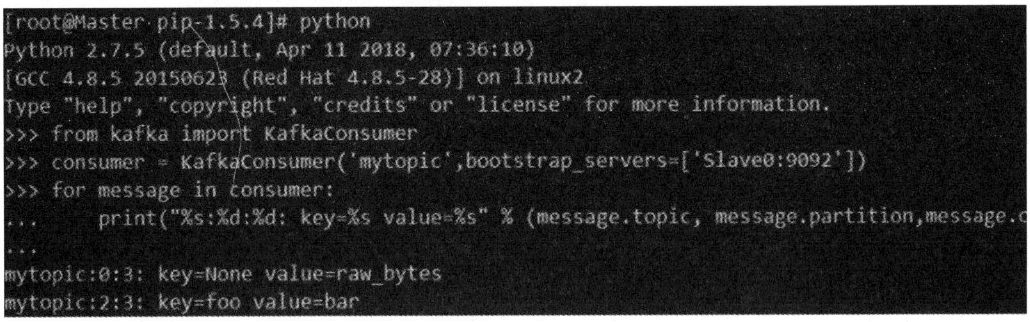

图 3-11　消费进程输出数据（2）

Producer 会生成序列化消息，代码如下。

```
>>> import json
>>> producer = KafkaProducer(value_serializer=json.dumps)
>>> producer.send('mytopic', {'key':'value'})
<kafka.producer.future.FutureRecordMetadata object at 0x7fbc9d45a390>
```

在 Master 上可以观察到消费进程输出数据，如图 3-12 所示。

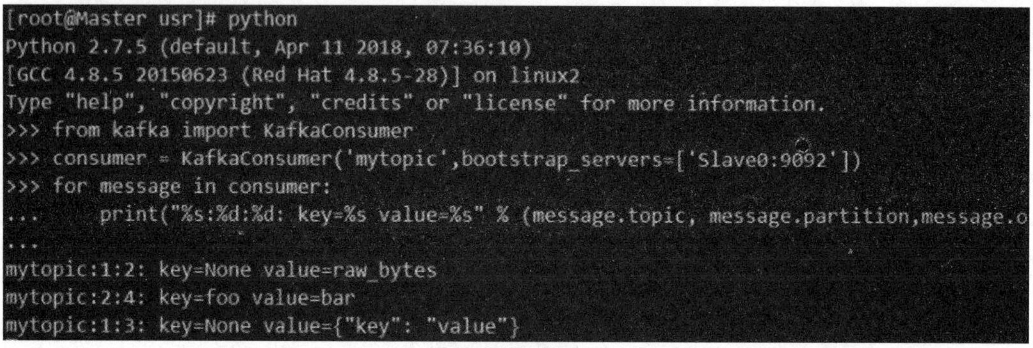

```
[root@Master usr]# python
Python 2.7.5 (default, Apr 11 2018, 07:36:10)
[GCC 4.8.5 20150623 (Red Hat 4.8.5-28)] on linux2
Type "help", "copyright", "credits" or "license" for more information.
>>> from kafka import KafkaConsumer
>>> consumer = KafkaConsumer('mytopic',bootstrap_servers=['Slave0:9092'])
>>> for message in consumer:
...     print("%s:%d:%d: key=%s value=%s" % (message.topic, message.partition,message.o
mytopic:1:2: key=None value=raw_bytes
mytopic:2:4: key=foo value=bar
mytopic:1:3: key=None value={"key": "value"}
```

图 3-12　消费进程输出数据（3）

3.5　小结

本章介绍了 Kafka 的基本架构和应用场景，同时对 Kafka 的重要特性进行了讲解。

大数据系统是由各个子系统组成的，数据需要在这些子系统间高效、低延迟地传输。传统的企业级消息系统并不满足上述要求，这时就可以考虑使用 Kafka 作为消息队列系统。Kafka 具有分布式、可分区、可复制的特性，更适用于多实例并发的场景。Kafka 不仅降低了系统组网与编程的复杂度，而且兼容消息队列和发布/订阅两种模式，使用更加灵活。

3.6　课后习题

（1）简述 Kafka 的定义。

（2）简述 Kafka 批量发送的含义。

（3）简述 ZooKeeper 对于 Kafka 的作用。

（4）简述 Kafka 判断一个节点是否存活的条件。

（5）在 Kafka 中，一旦 Leader 宕机，如何选择高质量的 Follower 作为 Leader？

（6）消息队列为什么有很好的削峰作用？

（7）按照 3.3 节和 3.4 节的相关内容，在自己的计算机上完成 Kafka 的安装、配置和实践操作。

第4章

数据存储

大数据存储是大数据领域的一个关键技术。大数据存储使用分布式存储来代替集中式存储，并且利用廉价的机器来代替昂贵的机器，这些操作都可以大幅降低海量数据存储的成本。

本章将会向读者介绍 3 个极具代表性的大数据存储系统——HDFS、HBase 和 Redis。HDFS（Hadoop Distributed File System，Hadoop 分布式文件系统）适用于对延时不敏感且吞吐量比较大的业务，并且业务中所包含的小文件不能太多。HBase 是分布式 OLTP（Online Transaction Processing，联机事务处理）的典型代表，通过 LSM（Leveled Store Management，列式存储管理）技术可以显著提高写数据的性能。Redis 是一款内存数据库，可以为用户提供丰富的数据结构，基于极低的响应延迟，它也常被用作缓存层的组件。

4.1 HDFS

HDFS 是分布式计算中数据存储和管理的基础。它是 Hadoop 的核心技术之一。在了解 HDFS 前，我们先了解下分布式系统基础架构 Hadoop。

4.1.1 Hadoop 介绍

Hadoop 是由 Apache 软件基金会开发的一个分布式系统基础架构。Hadoop 的核心思想来自 Google 公司发表的如下 3 篇里程碑式的经典论文。

- "The Google File System"：介绍 Google 文件系统，其设计理念和架构对后来的分布式文件系统产生了深远影响。
- "MapReduce: Simplified Data Processing on Large Clusters"：介绍分布式计算模型，对数据进行计算处理。
- "Bigtable: A Distributed Storage System for Structured Data"：介绍分布式存储系统，解决结构化数据的管理问题。

如图 4-1 所示，Hadoop 不是一个具体的框架或者组件，而是一个适用于大数据分布式存储和计算的平台，能够使用户在不了解分布式系统底层细节的情况下开发分布式应用，充分利用集群的功能进行高速运算和存储。

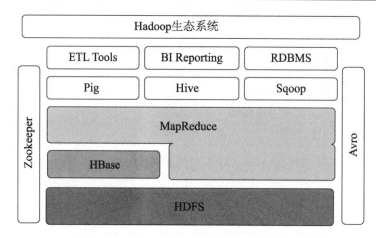

图 4-1 Hadoop 架构

Hadoop 的组件及组件功能如下。

- HDFS：负责海量数据的分布式存储与管理。
- MapReduce：用于并行处理大量数据的计算模型。
- HBase：分布式、按列存储的数据库，使用 HDFS 作为底层存储。
- Hive：数据仓库工具，可以将结构化的数据文件映射为数据库表，并提供完整的 SQL 查询功能。
- ZooKeeper：高可用的分布式协调服务器，用于解决分布式集群中应用系统的一致性问题。
- Sqoop：在 Hadoop 中与传统的数据库进行数据传递。
- Avro：高效、跨语言数据序列化框架，可以将数据结构或对象转化成便于存储或传输的格式。

Hadoop 具有如下四大特性。

- 成本低：Hadoop 可以通过将普通廉价机器组成集群来处理大数据，大幅度降低成本。
- 效率高：Hadoop 能够在节点之间动态地移动数据，并保证各个节点动态平衡，处理速度非常快。
- 扩容能力强：Hadoop 可以在集群间分配数据并完成计算任务，方便将集群扩展到数以千计的节点。
- 可靠性高：Hadoop 在底层维护多个数据副本，可以在任务失败后自动重启任务并重新部署，即使某个计算或存储单元出现故障，也不会导致数据丢失。

4.1.2 HDFS 介绍

HDFS 可以被看作是 GFS（Google File System，Google 文件系统）的一个简化版实现，它们之间存在很多相似之处。

首先，GFS 和 HDFS 都采用单一主控机加多台工作机的模式，即一台主控机存储系统的全部元数据，并实现数据的分布、复制与备份决策，而工作机负责存储数据，并根据主控机的命令进行数据的存储、迁移和计算。

其次，GFS 和 HDFS 都会通过数据分块和复制（多副本，一般是 3 个副本）来增强系统的性能和可靠性。当其中一个副本不可用时，系统会自动复制副本。同时，由于读操作通常多于写操作，因此读服务会被分配到多个副本所在的机器上，以提高系统的整体性能。

最后，GFS 和 HDFS 都提供树结构的文件系统，能够实现类似于 Linux 操作系统的文件复制、重命名、移动、创建、删除等操作，同时还包括简单的权限管理功能。

1. 主从架构

HDFS 采用主从架构（Master/Slave 架构），由一个 NameNode 和多个 DataNode 组成。HDFS 的基础架构如图 4-2 所示。

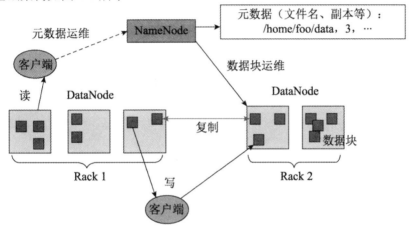

图 4-2　HDFS 的基础架构

HDFS 的各组件及组件功能如下。

（1）Metadata

Metadata 即元数据，主要有如下 3 种作用。

一是维护 HDFS 中文件和目录的信息，如文件名、目录名、父目录信息、文件大小、创建时间、修改时间等。

二是记录文件内容、存储相关信息，如文件分块情况、副本个数、每个副本所在的位置等。

三是记录 HDFS 中所有 DataNode 的信息，用于 DataNode 管理。

（2）NameNode

NameNode 是 HDFS 集群的主服务器，通常称为名称节点或者主节点。如果 NameNode 关闭，那么用户将无法访问 HDFS 集群。

NameNode 能够存储并管理 HDFS 的文件元数据，并记录对文件系统名称空间或属性的任何更改操作。HDFS 负责管理整个数据集群，可以在配置文件中设置备份数量，而这些信息都由 NameNode 存储。

NameNode 内部以元数据的形式维护两个文件——FsImage 镜像文件和 EditLog 日志文件。其中，FsImage 镜像文件用于存储整个文件系统的命名空间信息，EditLog 日志文件用于记录文件系统元数据的变化。

当启动 NameNode 时，FsImage 镜像文件就会加载到内存中，并对内存中的数据进行记录，以确保内存中的数据始终处于最新状态，从而加快元数据的读取和更新操作。

（3）DataNode

DataNode 是 HDFS 集群的从服务器，通常称为数据节点。

由于 HDFS 存储文件的方式是将文件切分成多个数据块，并将这些数据块存储在 DataNode 节点中，因此 DataNode 需要大量磁盘空间。DataNode 还需要与 NameNode 保持通信，根据客户端或者 NameNode 的调度存储和检索数据块，还可以对数据块进行创建、删除等操作，并且定期向 NameNode 发送所存储的数据块列表，每当 DataNode 启动时，它都会把持有的数据块列表发送给 NameNode。

（4）Block

在 HDFS 中，Block 表示数据块。HDFS 中的文件会按数据块的大小进行分解，并作为独立的单元进行存储。起初数据块默认大小为 64MB，而在 Hadoop 2.7.3 及之后的版本中，数据块的默认大小为 128MB，系统会尽可能将每个数据块存储于不同的 DataNode 中。按数据块存储的好处是能够屏蔽文件的大小，可以将一个文件分成 N 个数据块，存储在多个磁盘中，简化存储系统的设计。另外，数据块非常适合数据的备份，同时能保证数据的安全。

（5）Rack

如图 4-3 所示，Rack 用于存放部署集群服务器的机架，不同 Rack 之间的节点通过交换机进行通信。HDFS 采用了机架感知策略，这使得 NameNode 能够确定每个 DataNode 所属的机架 ID，同时还使用了副本存放策略（不是均匀存放）来改进数据的可靠性、可用性和网络带宽的利用率。

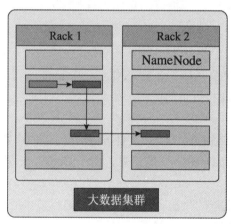

图 4-3　Rack 的结构

2. HDFS 的读写原理

在 HDFS 中，文件由不同的数据块组成，由 NameNode 进行管理，而实际存储则发生在 DataNode 上。每一个数据块在载入时都会复制到不同的机器上，以确保系统具有高容错性和可用性。

如图 4-4 所示，数据块 B1 和 B2 被复制了 3 份，并分别存储在不同的数据节点上。

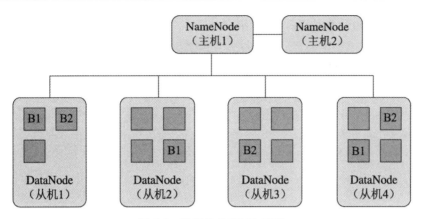

图 4-4 数据块的复制与存储

为了支持系统的可扩展性，NameNode 并不直接进行数据的读写操作。在需要获取 HDFS 的命名空间与读写数据的具体数据块位置时，客户端会先与 NameNode 通信，然后从 DataNode 中读写数据。

在 HDFS 上写数据的流程如图 4-5 所示，基本步骤如下：

1）在主机 1 中创建文件的命名空间；

2）将数据流从客户端传到从机 1；

3）将数据流从从机 1 传到从机 2；

4）将数据流从从机 2 传到从机 3；

5）将成功或失败信号从从机 3 传到从机 2；

6）将成功或失败信号从从机 2 传到从机 1；

7）将成功或失败信号从从机 1 传到客户端。

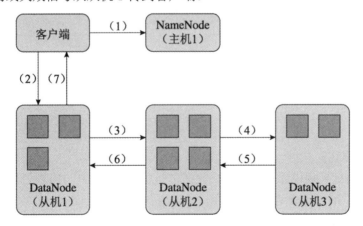

图 4-5 HDFS 写数据的流程

在 HDFS 上读数据的流程如图 4-6 所示。假设需要读取的文件有两个数据块 B1 和 B2，基本步骤如下：

1）从主机 1 得到数据块的位置；

2）从从机 1 读取数据块 B1，并重组文件；

3）从从机 3 读取数据块 B2，并重组文件。

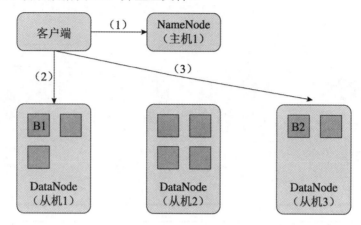

图 4-6　HDFS 读数据的流程

3. 优势与不足

HDFS 具有很多传统分布式文件系统不具备的优点，具体如下。

（1）高容错性

HDFS 会自动将数据的多个副本保存到 DataNode 中。

如图 4-7 所示，DataNode 会定期向 NameNode 发送心跳信号以表示节点状态正常，如果 NameNode 在规定时间内没有收到心跳信号，那么则认定 DataNode 可能发生故障。若故障已经发生，且 NameNode 检测到数据块的副本数小于系统设置值，则自动复制新的副本并分发到其他 DataNode 上。

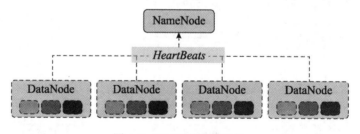

图 4-7　HDFS 的高容错性

（2）流式数据访问

HDFS 的数据处理规模比较大，流式数据访问意味着 HDFS 中的数据像流水一样，边接收数据边处理，而不需要等待所有数据都接收完毕后再进行处理。

（3）支持超大文件

HDFS 可以在集群上存储超大型文件（GB、TB、PB 级别）。它将每个文件切分成多个小的数据块后进行存储，除了最后一个数据块以外，所有数据块的大小都相同。

（4）高数据吞吐量

HDFS 采用"一次写入，多次读取"的数据一致性模型。文件经过创建、写入、关闭后，就不能修改了，只能追加。这种方式可以保证数据的一致性，有利于提高数据吞吐量。

（5）可构建在廉价的机器上

HDFS 对硬件的要求较低，无须构建在昂贵的高可用性机器上。HDFS 在设计之初就充分考虑了数据的可靠性、安全性和高可用性。

HDFS 也有一些缺点，具体如下。

- 高延迟：HDFS 不适用于低延迟数据访问场景，例如毫秒级实时查询。
- 不适合小文件存取场景：小文件通常定义为远小于 HDFS 数据块大小（默认大小为 128MB）的文件，由于每个文件都会产生自己的元数据，因此如果小文件过多，可能导致存储瓶颈。
- 不适合并发写入：HDFS 目前不支持并发多用户的写操作，写操作只能在文件末尾追加数据。

4.1.3　安装与配置

1. Linux 操作系统的安装与集群搭建

Hadoop 大数据处理架构通常运行在 Linux 操作系统中，并且需要通过多台机器构成集群以体现分布式的优势。本书选择的操作系统是 CentOS 7。CentOS 7 是一款基于 Red Hat Enterprise Linux 7 的操作系统。

Hadoop 对 JDK 的版本有着严格的要求，如果安装 Hadoop 3.0 及以上的版本，那么需要安装 JDK 1.8，对于 Hadoop 2.0 版本，安装 JDK 1.7 及以上的版本即可。

本节将重点介绍 Linux 操作系统的安装、虚拟机克隆、网络设置等过程。

（1）Linux 操作系统的安装

首先需要将 Linux 操作系统安装在 VMware 平台的虚拟机中。本节以 VMware Workstation 16 为例来介绍 CentOS 7 的安装过程。

读者可自行在 CentOS 官网下载 CentOS 7 的镜像文件，并安装 VMware。具体步骤如下。

1）在 VMware 中创建一台新的虚拟机。首先，单击"自定义"单选按钮后单击"下一步"按钮。然后单击"稍后安装操作系统"单选按钮，如图 4-8 所示。之后单击"下一步"按钮。

图 4-8　选择自定义配置并稍后安装操作系统

2）设置客户机操作系统为 Linux 操作系统，版本为 CentOS 7 64 位。之后单击"下一步"按钮。设置虚拟机名称为 Master，并将其安装在非系统盘 E 盘（可自行选择安装位置，推荐安装在非系统盘），如图 4-9 所示。之后单击"下一步"按钮。

图 4-9　选择客户机操作系统并命名虚拟机

3）设置虚拟机处理器数量与每个处理器的内核数量均为 1。之后单击"下一步"按钮。设置虚拟机内存大小为 1GB。读者可根据自身硬件配置情况酌情提高虚拟机的配置，如图 4-10 所示。之后单击"下一步"按钮。

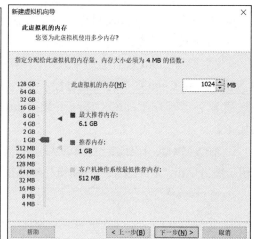

图 4-10　设置虚拟机处理器数量、每个处理器的内核数量及内存大小

4）单击"使用网络地址转换（NAT）"单选按钮。之后单击"下一步"按钮。将 I/O 控制器类型设置为"LSI Logic"，如图 4-11 所示。之后单击"下一步"按钮。

5）将磁盘类型设置为"SCSI"。之后单击"下一步"按钮。指定磁盘容量为 20GB。读者可根据自身硬件配置情况酌情增加磁盘容量，如图 4-12 所示。之后单击"下一步"按钮。

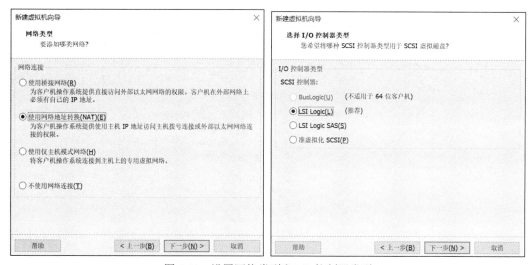

图 4-11　设置网络类型和 I/O 控制器类型

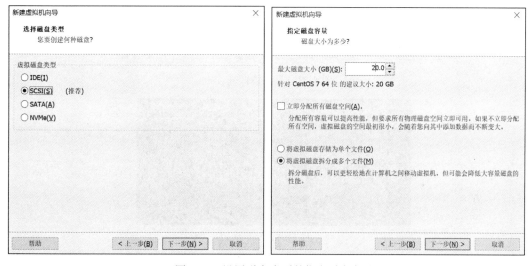

图 4-12　设置磁盘类型并指定磁盘容量

6）Master 虚拟机创建完毕后，打开"虚拟机配置"，在"使用 ISO 映像文件"选项中导入下载好的 CentOS 7 镜像文件。本书以 CentOS-7-x86_64-Minimal-1804 版本为例，如图 4-13 所示。

7）点击"开启此虚拟机"进入 CentOS 安装窗口。选择"install CentOS 7"，CentOS 开始安装。在选择语言窗口选择"简体中文"。随后设置 root 密码，等待安装结束。

8）安装结束后，打开刚刚创建好的 Master 虚拟机，输入用户名（默认为 root）和密码后进入 CentOS。如果正常进入操作系统，则证明安装无误，如图 4-14 所示。然后输入命令"shutdown -h now"以关闭当前虚拟机。

接下来开始配置两台 Slave。

（2）虚拟机克隆

在配置完一台 Master 后，可以通过 VMWare 自带的克隆功能快速配置另外两台 Slave，以实现一个由 3 台机器组成的集群，步骤如下。

图 4-13　导入镜像文件

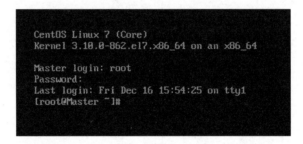

图 4-14　进入 CentOS

1）在"我的计算机"窗口右键单击需要被克隆的虚拟机，单击"管理"→"克隆"按钮，进入克隆界面，单击"下一页"按钮。设置克隆类型为"创建完整克隆"，如图 4-15 所示。

图 4-15　进入克隆界面并设置克隆类型

2）设置新虚拟机名称为 Slave0，并安装在 E 盘的 Slave0 目录下（读者可自行选择安装位置），如图 4-16 所示。

图 4-16　设置虚拟机名称与安装位置

3）采用直接复制文件的方式克隆第 3 台虚拟机。将 Slave0 目录下的全部文件复制到 Slave1 目录下。单击 VMware 中的"文件"选项，单击"打开"命令，选择 Slave1 目录下的 Slave0.vmx 文件，之后单击"打开"按钮，如图 4-17 所示。导入成功后，将第 3 台虚拟机的名字改为 Slave1。

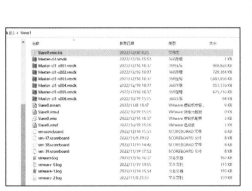

图 4-17　复制文件并导入

（3）网络设置

下面进行集群的网络设置，以实现 3 台机器的网络互通，具体步骤如下。

1）打开 3 台虚拟机，输入命令"nmtui"以进入网络管理界面，如图 4-18 所示，选择"Edit a connection"，并选择"Edit"，将 IPv4 配置设置为"Manual"（手动）。根据虚拟网络服务器和 NAT 设置中的内容配置 IPv4 地址、网关和 DNS 服务器，如图 4-19 所示。

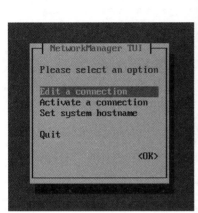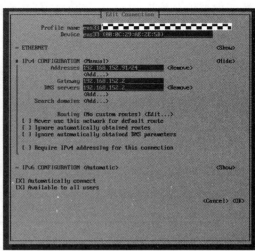

图 4-18　进入网络管理界面并将 IPv4 配置设置为"Manual"

图 4-19　NAT 设置信息

2）设置完毕后，以同样的方式配置另外两台虚拟机，首先设置主机名（Host Name）为 Master、Slave0、Slave1，然后使用"ping+IP 地址"的方式与其他计算机建立连接，检查网络的配置情况，如图 4-20 所示。

（4）Xshell 配置

目前，同时管理 3 台虚拟机并不是很方便，为了提高效率，通过在 Windows 操作系统中安装支持 SSH 协议的客户端，可以实现对 3 台虚拟机进行控制。本书选择的版本是 Xshell 7，读者可前往 Xshell 官网下载对应版本。

图 4-20　设置主机名并检查网络配置情况

SSH 是 Secure Shell 的缩写，这是一种建立在应用层基础上的安全协议，可以在不安全的网络中为网络服务提供安全的传输环境，实现 SSH 客户端和 SSH 服务器的连接。下面介绍 Xshell 的相关配置操作。

首先打开 Xshell 客户端，单击"新建"命令，在弹出的"新建会话属性"对话框中填写名称、主机、端口号，然后单击"确定"按钮，如图 4-21 所示。按照此方法配置余下两台虚拟机。接下来选中 3 台虚拟机，单击"连接"按钮。

图 4-21　配置虚拟机

在弹出的对话框中输入用户名和密码（如图 4-22 所示，与登录 CentOS 时相同），即可在 Xshell 中操作 3 台虚拟机。

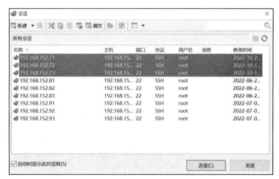

图 4-22　输入用户名和密码

（5）lrzsz 安装

为了方便读者将 Windows 操作系统中的文件发送到 Linux 操作系统，可执行命令"yum install lrzsz"来安装文件传输工具 lrzsz。安装成功的输出结果如图 4-23 所示。

图 4-23　安装 lrzsz

（6）SSH 配置

目前 Master 和 Slave 之间的交互效果并不理想，为了改善这一情况，可通过 SSH 协议在一台机器上远程操控其他机器，具体配置过程如下。

1）输入命令"ssh -keygen"以形成密钥，并在另外两台机器的/root 目录下执行命令"mkdir .ssh"以创建.ssh 目录。图 4-24 显示了创建成功的输出结果。

```
[root@Master tmp]# ssh-keygen
Generating public/private rsa key pair.
Enter file in which to save the key (/root/.ssh/id_rsa):
Enter passphrase (empty for no passphrase):
Enter same passphrase again:
Your identification has been saved in /root/.ssh/id_rsa.
Your public key has been saved in /root/.ssh/id_rsa.pub.
The key fingerprint is:
SHA256:+Xgcyp9zy+ikHpDD5PvOP/3gjkf5GTtod5T8J8wvyIk root@Master
The key's randomart image is:
+---[RSA 2048]----+
|                 |
|                 |
|       .         |
|      +  .       |
|     * S  . . .  |
|    = = .o .o.   |
|   . = ==.B =.   |
|    o *E*X.@ +|  |
|     o*oBB=+.*o  |
+----[SHA256]-----+
```

图 4-24　形成密钥并创建.ssh 目录

2）在/root/.ssh 目录下，将密钥发送到另外两台 Slave 上，以实现远程操控功能。输入如下代码进行配置，即可通过"ssh+IP 地址"的形式实现对虚拟机的远程操控。如图 4-25 所示，我们在 Master 中实现了对 Slave0 的控制，可以通过 exit 命令退出登录。

```
scp id_rsa.pub 192.168.152.72:/root/.ssh/authorized_keys

scp id_rsa.pub 192.168.152.73:/root/.ssh/authorized_keys
```

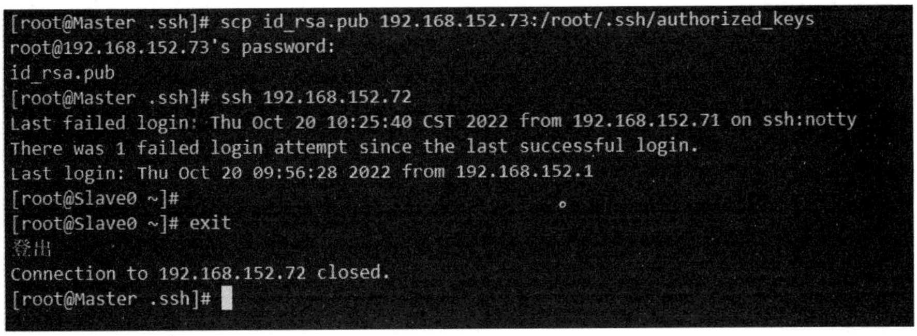

图 4-25 远程操控 Slave0

（7）JDK 安装

安装 Hadoop 离不开 JDK 的支持。本书选用的版本为 jdk-8u131-linux-x64，读者可前往 Java 官网下载对应版本，安装步骤如下。

1）利用 lrzsz，在/tmp 目录下上传 JDK 安装包，输入如下代码将安装包解压。

```
rpm -ivh jdk-8u131-linux-x64.rpm
```

2）输入如下代码查看 Java 版本，按上述步骤配置好另外两台机器。

```
java -version
```

输出结果如图 4-26 所示。可以看到，JDK 已成功安装。

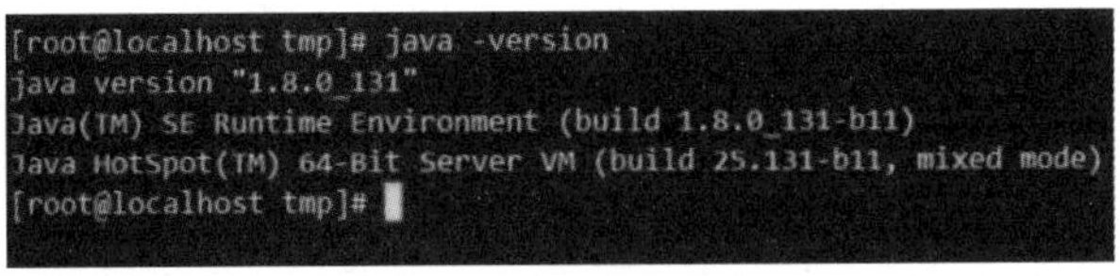

图 4-26 JDK 安装成功

2. HDFS 的安装与配置

在安装好 Linux 操作系统和各种工具之后，下面进行 HDFS 的安装与配置。

本书选用的 Hadoop 版本为 2.10.1，读者可前往 Apache 软件基金会官网下载对应版本，安装步骤如下。

1）输入如下代码，在/tmp 目录上传 Hadoop 安装包，并将其解压在/usr 目录下。

```
rz
tar xzvf hadoop-2.10.1.tar.gz -C /usr
```

2）首先对/usr/hadoop-2.10.1/etc/hadoop 目录下的 hadoop-env.sh 文件进行修改，参照图 4-27，将 JAVA_HOME 设置为/usr/java/jdk1.8.0_131。然后在/usr/hadoop-2.10.1/目录下创建 tmp 目录，存放备份信息。

对 /usr/hadoop-2.10.1/etc/hadoop 目录下的 core-site.xml 文件进行配置，在 configuration 部分添加如下代码。 此代码指定了备份数据存放的

图 4-27 设置 JAVA_HOME

位置以及默认的文件系统,读者在自行配置 fd.defaulstFS 时,应将代码中加粗的主机地址
换为自己的 Master 的 IP 地址。

```
<configuration>
    <property>
        <name>hadoop.tmp.dir</name>
        <value>file:///usr/hadoop-2.10.1/tmp</value>
        <description>A base for other temporary directories.</description>
    </property>
    <property>
        <name>fs.defaultFS</name>
        <value>hdfs://Master 的 IP 地址/</value>
    </property>
</configuration>
```

然后在/usr/hadoop-2.10.1/etc/hadoop 目录下配置 hdfs-site.xml 文件,在 configuration 部
分添加如下代码。

```
<configuration>
    <property>
        <name>dfs.replication</name>
        <value>1</value>
    </property>
    <property>
        <name>dfs.namenode.name.dir</name>
            <value>file:///usr/hadoop-2.10.1/tmp/dfs/name</value>
    </property>
    <property>
        <name>dfs.datanode.data.dir</name>
            <value>file:///usr/hadoop-2.10.1/tmp/dfs/data</value>
    </property>
    <property>
        <name>dfs.namenode.secondary.http-address</name>
        <value>0.0.0.0:50090</value>
    </property>
    <property>
        <name>dfs.permissions.enabled</name>
        <value>false</value>
    </property>
    <property>
        <name>dfs.blocksize</name>
```

```
            <value>1024k</value>
        </property>
</configuration>
```

在/usr/hadoop-2.10.1/etc/hadoop 目录下配置 slaves 文件，在文件中添加两台 Slave 的 IP 地址。按照上述步骤配置另外两台虚拟机。

```
Slave 0 的 IP 地址
Slave 1 的 IP 地址
```

3）在/usr/hadoop-2.10.1/bin 目录下对 NameNode 进行格式化，代码如下。

```
./hdfs namenode -format
```

4）在/etc 目录下修改 hosts 文件，在文件末尾追加域名-主机名映射。

```
Master 的 IP 地址 Master
Slave 0 的 IP 地址 Slave0
Slave 1 的 IP 地址 Slave1
```

5）输入如下代码将配置好的 hosts 文件发送到两台 Slave 的对应位置。

```
scp /etc/hosts Slave 0 的 IP 地址:/etc/hosts
scp /etc/hosts Slave 1 的 IP 地址:/etc/hosts
```

6）在/usr/hadoop-2.10.1/sbin 目录下输入如下命令，启动集群。执行 jps 命令可查看进程情况，如果 Jps、SecondaryNameNode 和 NameNode 进程，则证明 HDFS 配置成功。

```
./start-dfs.sh
jps
```

图 4-28 显示了 HDFS 提供的网页管理器，可通过"主机名+端口号 50070"的方式进行访问。

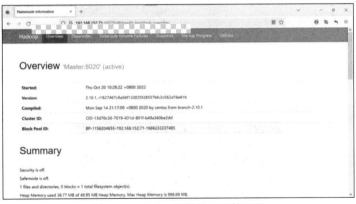

图 4-28　HDFS 提供的网页管理器

4.1.4　实践操作

本节将进行 HDFS 常用命令的实践操作，例如查看命令帮助、查看文件列表、创建文件夹、上传文件等。读者可在本书的配套资料包中获取相应的数据集。

为了更方便地使用 HDFS 命令，我们可以在 Master 的/etc 目录下的 profile 文件中添加如下环境变量。

```
export PATH=$PATH:/usr/hadoop-2.10.1/bin:/usr/hadoop-2.10.1/sbin
```

随后，执行如下指令，可以使我们配置的环境变量生效。

```
source /etc/profile
```

下面介绍的所有操作都可以通过命令行与 HDFS 进行交互，命令的基本形式为：

```
hdfs dfs -<命令>-<选项><路径>
```

HDFS 的常用命令如表 4-1 所示。

表 4-1　HDFS 的常用命令

命令	用途
hdfs dfs -help	查看命令帮助
hdfs dfs -ls	查看文件（夹）列表
hdfs dfs -mkdir	创建文件夹
hdfs dfs -put	从本地上传文件（夹）到 HDFS
hdfs dfs -get	从 HDFS 下载文件（夹）到本地
hdfs dfs -cat	查看文件全部内容
hdfs dfs -tail	查看文件最后 1KB 的内容
hdfs dfs -cp	复制文件（夹）
hdfs dfs -mv	移动文件（夹）
hdfs dfs -rm	删除文件（夹）
hdfs dfs -du	查看文件（夹）占用空间

实际操作步骤如下。

（1）连接集群

通过 Xshell 连接集群中的 3 台虚拟机，输入如下代码可关闭虚拟机中的防火墙。

```
systemctl stop firewalld
```

在/usr/hadoop-2.10.1/sbin 路径下输入如下命令以启动 HDFS。

```
./start-dfs.sh
```

（2）查看 HDFS 相关命令的帮助信息

输入如下命令可查看 HDFS 命令的帮助信息。

```
hdfs dfs -help
```

输出结果如图 4-29 所示。

图 4-29　查看 HDFS 相关命令的帮助信息

输入如下命令可查看 ls 命令的帮助信息。

hdfs dfs -help ls

输出结果如图 4-30 所示。

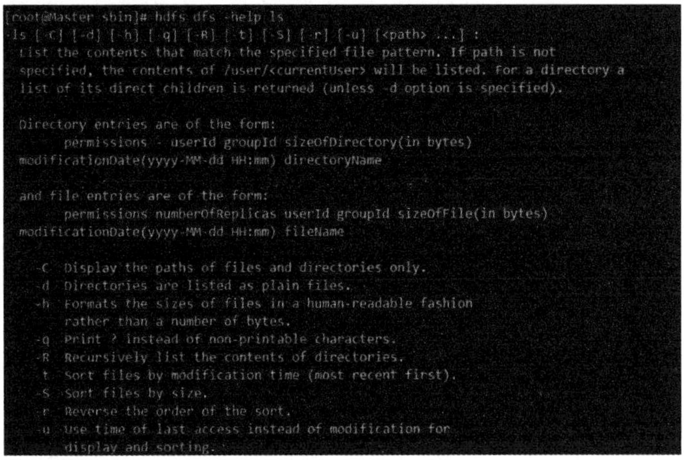

图 4-30   查看命令 ls 的帮助信息

（3）查看 HDFS 文件（夹）列表

输入如下命令可查看 HDFS 的文件（夹）列表。

hdfs dfs -ls /

输出结果如图 4-31 所示。各列的含义依次是访问权限、所有者、所有者所在用户组、文件大小、创建时间和具体路径。

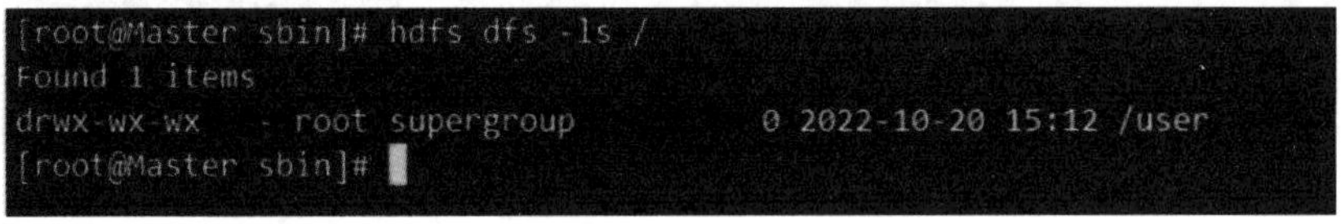

图 4-31   查看 HDFS 文件（夹）列表

（4）在 HDFS 中创建文件夹

输入如下命令将在 HDFS 的 home 目录下创建文件夹 test1，并查看 home 目录。

hdfs dfs -mkdir /test1

hdfs dfs -ls /

文件夹创建成功的输出结果如图 4-32 所示。

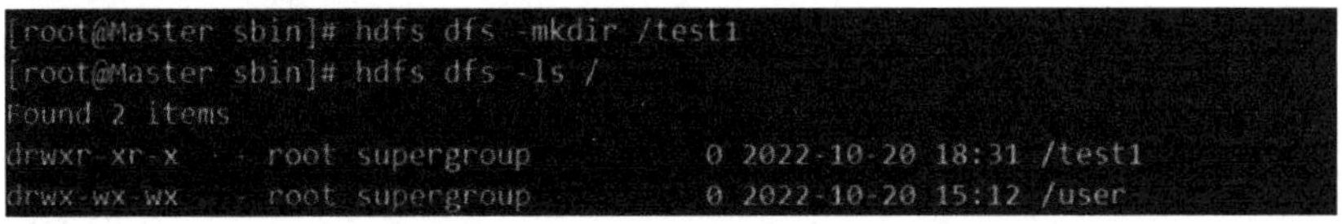

图 4-32   在 home 目录下创建文件夹

（5）从本地上传文件到 HDFS

在本地创建一个名为 test 的文本文件并将其上传到 HDFS，最后查看本地文件列表，命令如下。其中，Linux 中的 echo 命令可以向文件中添加文本或覆盖文件。

```
echo "hello hdfs"> test
hdfs dfs -put test /test1
ll
```

输出结果如图 4-33 所示。可以看到原来的文件 test 依然存在，这说明将文件上传到 HDFS 并不会删除原文件。

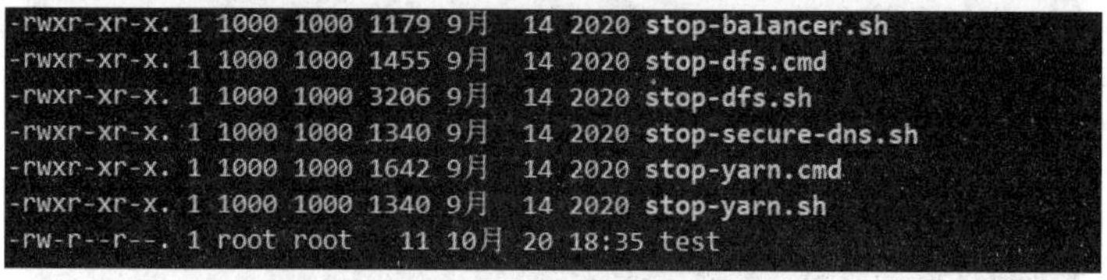

```
-rwxr-xr-x. 1 1000 1000 1179 9月   14 2020 stop-balancer.sh
-rwxr-xr-x. 1 1000 1000 1455 9月   14 2020 stop-dfs.cmd
-rwxr-xr-x. 1 1000 1000 3206 9月   14 2020 stop-dfs.sh
-rwxr-xr-x. 1 1000 1000 1340 9月   14 2020 stop-secure-dns.sh
-rwxr-xr-x. 1 1000 1000 1642 9月   14 2020 stop-yarn.cmd
-rwxr-xr-x. 1 1000 1000 1340 9月   14 2020 stop-yarn.sh
-rw-r--r--. 1 root root   11 10月  20 18:35 test
```

图 4-33　从本地上传文件到 HDFS

（6）从 HDFS 下载文件到本地

将本地文件 test 删除，再将刚刚上传到 HDFS 的文件下载到本地，并查看 HDFS 的文件列表，命令如下。

```
rm test
hdfs dfs -get /test1/test
hdfs dfs -ls /test1
```

输出结果如图 4-34 所示。可以看到，文件 test 还在，这说明将文件下载到本地并不会删除 HDFS 中的文件。

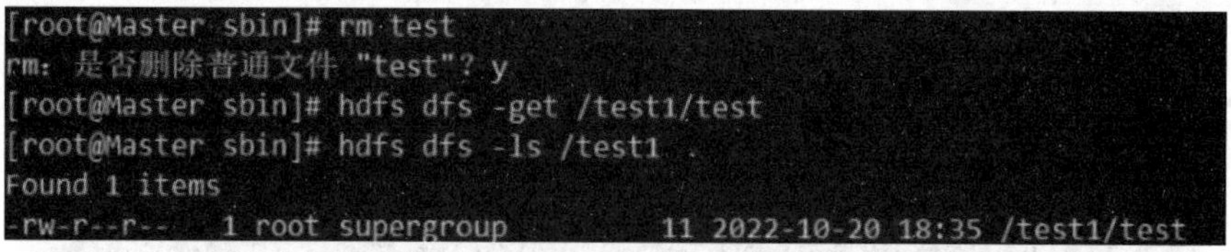

```
[root@Master sbin]# rm test
rm: 是否删除普通文件 "test"? y
[root@Master sbin]# hdfs dfs -get /test1/test
[root@Master sbin]# hdfs dfs -ls /test1 .
Found 1 items
-rw-r--r--   1 root supergroup         11 2022-10-20 18:35 /test1/test
```

图 4-34　从 HDFS 下载文件到本地

（7）在 HDFS 中查看文本文件的内容

查看在 HDFS 上刚刚创建的名为 test 的文本文件的全部内容，命令如下。

```
hdfs dfs -cat /test1/test
```

输出结果如图 4-35 所示。

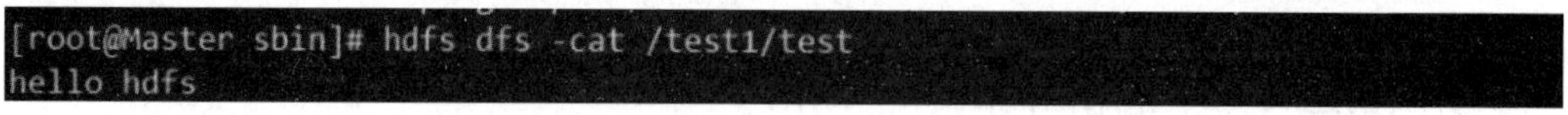

```
[root@Master sbin]# hdfs dfs -cat /test1/test
hello hdfs
```

图 4-35　在 HDFS 中查看文本文件的内容

有时文本文件较大，我们可能不想查看全部内容，可以按如下方式操作。例如，首先从本书配套资料包中获取文件 The_Lifestyle_of_Young_People.txt，并上传至 HDFS 的 test1 目录下，命令如下。

```
hdfs dfs -put The_Lifestyle_of_Young_People.txt /test1
```

输入如下代码可查看文本文件最后 1KB 的内容。

```
hdfs dfs -tail /test1/The_Lifestyle_of_Young_People.txt
```

输出结果如图 4-36 所示。

```
[root@Master tmp]# hdfs dfs -tail /test1/The_Lifestyle_of_Young_People.txt
tor of Zhenbu'er, a new consumer goods company founded in 2020 and dedicated to offering wellness solutions that are tailored to young people.
In 2023, Zhenbu'er launched two new products: the Chen'ai Mini Moxibustion and the Chen'ai Safflower Heating Pad, adding to the "light wellness "range. These offerings integrate TCM practic
ss solutions for the fast-paced lifestyles of young people.
The demand for health and wellness among modern individuals is significant and, as long as this demand persists, the interest in related TCM practices will continue to thrive.
"The growing interest of young people in TCM, and their pursuit of basic TCM knowledge, represents a positive continuation of Chinese cultural heritage. It also injects new vitality into TC
, a TCM practitioner in Shanghai.
However, Zhang also emphasizes that it is crucial to strike a balance and maintain moderation, as, when it comes to medical treatment, it's important to seek help from professional doctors.
```

图 4-36　在 HDFS 中查看文本文件最后 1KB 的内容

（8）在 HDFS 中复制文件

输入如下命令可以将 HDFS 中的文件/test1/test 复制到/test2/test_bak，并查看复制结果，此代码也可以用于复制文件夹。

```
hdfs dfs -cp /test1/test /test1/test_bak
hdfs dfs -ls /test1
```

（9）在 HDFS 中移动文件

输入如下命令可以将 HDFS 中的文件/test1/test 移动到/test1/test_new，并查看移动结果，此命令也可以用于移动文件夹。

```
hdfs dfs -mv /test1/test /test1/test_new
hdfs dfs -ls /test1
```

（10）在 HDFS 中删除文件

可以执行命令“-rm”来删除 HDFS 中的文件 test_new，命令如下。

```
hdfs dfs -rm /test1/test_new
```

输入如下命令可查看 test1 目录下的文件列表，确认删除结果。

```
hdfs dfs -ls/test1
```

输出结果如图 4-37 所示。可以看到，test_new 文件已经不在 test1 目录下，证明文件删除成功。

```
[root@Master tmp]# hdfs dfs -rm /test1/test_new
Deleted /test1/test_new
[root@Master tmp]# hdfs dfs -ls /test1
Found 2 items
-rw-r--r--   1 root supergroup      14744 2022-10-20 18:46 /test1/A_LOVERS_COMPLAINT.txt
-rw-r--r--   1 root supergroup         11 2022-10-20 18:52 /test1/test_bak
```

图 4-37　在 HDFS 中删除文件

如果需要删除文件夹以及文件夹中的所有文件，则需要在命令之后加上参数“-r”。删除 HDFS 中 test1 文件夹的命令如下。

```
hdfs dfs -rm -r /test1
```

（11）在 HDFS 中查看文件占用空间

输入如下代码可以查看 HDFS 中的 home 目录占用的空间。

```
hdfs dfs -du /
```

输出结果如图 4-38 所示。可以看出，第 1 列为文件占用空间，第 2 列为文件名。

```
[root@Master tmp]# hdfs dfs -put A_LOVERS_COMPLAINT.txt /
[root@Master tmp]# hdfs dfs -du /
14744  /A_LOVERS_COMPLAINT.txt
0      /user
```

图 4-38　在 HDFS 中查看文件占用空间

4.1.5　小结

HDFS 是一种分布式文件系统，具有高容错性、低成本等特点，主要包含 NameNode
和 DataNode 等组件。HDFS 运行在 Linux 操作系统中，对用户来说 HDFS 就如同单块磁盘，
操作十分方便，用户对 Hadoop 的所有操作都是基于 HDFS 的。

4.1.6　课后习题

（1）简述如何安装配置 Hadoop，无须列出具体步骤。

（2）简述 HDFS 的基本架构。

（3）HDFS 中最初的数据块的默认大小为 64MB，将数据块的默认大小改为 128MB 后
有什么影响？

（4）简述 HDFS 的写数据流程。

（5）简述 SSH 协议的定义以及 SSH 协议解决的问题。

（6）按照 4.1.3 节的内容，在自己的计算机上完成集群的搭建及 HDFS 的安装与配置。

（7）按照 4.1.4 节的相关内容，在自己的计算机上完成实践操作，掌握 HDFS 的基
本用法。

4.2　HBase

HBase 是 Hadoop 平台的数据存储引擎，是一个非关系型数据库（NoSQL 数据库），它
能够为大数据提供实时的读写操作。

由于 HBase 具备开源、分布式、可扩展性强以及面向列的存储等特点，因此 HBase 可
以部署在廉价的服务器集群中以处理大规模的数据。但如果数据量较小，建议使用关系型
数据库。

4.2.1　HBase 介绍

HBase 是由 Google 公司的 Bigtable 演变而来的。HBase 是一种面向列式存储的分布式
数据库，而且它的数据列可以根据需要动态增加。

在 HBase 的表中，一条数据拥有全局唯一的行键（RowKey）和任意数量的列（Column），
一列或多列可以组成列族（Column Family）。在物理层面上，同一个列族中列的数据都存
储在同一个文件中，这种列式存储的数据结构有利于数据的缓存与查询。

HBase 存储的是稀疏型数据，也就是半结构化数据，所有的存储维度都是动态可变的，
HBase 的表中的每一行可以包含不同数量的列，并且某一行的某一列还可以有多个版本的
数据，可以通过时间戳对多个版本的数据进行区分。

HBase 的存储方式有两种：一种是使用操作系统的本地文件系统进行存储；另一种则
是在集群环境下使用 HDFS 进行存储。

为了提高数据的可靠性和系统的健壮性，并发挥 HBase 处理大规模的数据的能力，将

HDFS 作为文件存储系统是更为稳妥的选择。

1. 数据模型

HBase 是一个键-值（Key-Value）型数据库。可以将 HBase 的数据行类比成一个多重映射（Map），通过多重的键（Key）层层递进，最后定位一个值（Value）。因为 HBase 的数据行列值可以是空白的（空白列不占用存储空间），所以 HBase 非常适合存储稀疏型数据。

HBase 根据列族存储数据，一个列族对应物理存储上的一个 HFile，列族包含多列。表 4-2 和表 4-3 分别展示了关系型数据库的表和 HBase 的表的数据组织方式。

表 4-2　关系型数据库的表的数据组织方式

Primary Key（主键）	列 1	列 2	列 3
数据 1	XX	XX	XX
数据 2	XX	XX	XX
数据 3	XX	XX	XX

表 4-3　HBase 的表的数据组织方式

Row Key（行键）	列族 1	列族 2
数据 1	列 1，列 2，…，列 n	列 1
数据 2	列 1，列 2	列 1，列 2
数据 3	列 1，列 2，列 3	列 2

HBase 涉及的主要术语如下。

- 表（Table）：类似于关系型数据库中的表，即数据行的集合。表名用字符串表示，一个表可以包含一个分区或者多个分区（Region）。
- 行键（Row Key）：用来标识表中唯一的一行数据，以字节数组形式存储，类似于关系型数据库中表的主键（不同之处是，对底层存储来说，行键并不能唯一标识一行数据，因为 HBase 数据行可以有多个版本）。
- 列族（Column Family）：HBase 根据列族存储，每个列族都有一个存储仓库，每个存储仓库都有多个用于存储实际数据的存储文件（StoreFile）。
- 列限定符（Column Qualifier）：每个列族可以有任意个用来标识不同列的列限定符。
- 单元格（Cell）：单元格由行键、列族、列限定符、时间戳、类型唯一决定，是 HBase 数据的存储单元，以字节码的形式存储。
- 版本（Version）：HBase 中的数据在写入后是不能修改的（通过时间戳记录不同的版本）。数据在写入 WAL（Write-Ahead-Log，预写入日志）后，会先写入内存仓库（MemStore），同时在内存中按行键排序，等到合适的时候会将内存中的数据刷新到磁盘的存储文件中。
- 分区（Region）：当传统数据库的表的数据量过大时，通常会考虑对表做分库分表。例如，淘宝的订单系统可以按买家 ID 与卖家 ID 分别分库分表。同样 HBase 中分区的概念与此非常类似。分区是集群中高可用、动态扩展、负载均衡的最小单元，一个表可以分为任意数量的分区，并且均衡分布在集群中的每台机器上。分区按行键分片，可以在创建表的时候预先分片，也可以在需要的时候调用 HBase 命令行或者 API 动态分片。

- 时间戳（Time Stamp）：HBase 使用时间戳来标识相同行键对应的不同版本的数据。如果用户没有指定时间戳，那么 HBase 会自动添加一个默认的时间戳。相同数据的多个版本会按照时间戳倒序排列，用户也可以通过指定时间戳的值来读取指定版本的数据。

2. 物理模型

HBase 的物理模型实际上是把数据模型中的一个模型进行分割，并按照列族存储在文件中，空白的列单元格不会被存储。

图 4-39 显示了 HBase 的存储模块。HBase 的表按照行键的范围被划分为不同的分区，各个分区由分区服务器（Region Server）管理并提供数据读写服务，主节点进程（HMaster）负责分区的分配以及在集群中进行迁移。

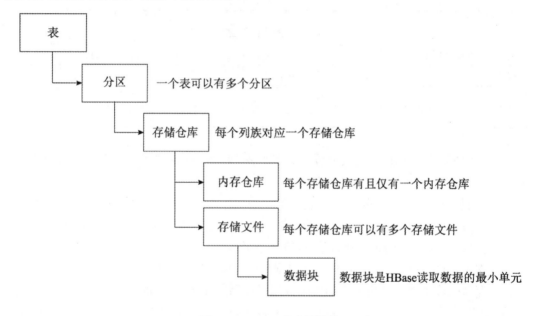

图 4-39　HBase 的存储模块

一个分区同时有且仅有一个提供服务的分区服务器。当分区增长到配置的大小后，如果开启了自动拆分（也可以手动拆分或者在创建表时预先拆分）功能，那么分区服务器会将这个分区拆分成两个分区。

当内存仓库达到配置的大小，或者集群中所有内存仓库使用的总内存达到配置的阈值时，内存仓库会在磁盘中创建一个存储文件，该存储文件只支持顺序写入，不支持修改。

数据块是 HBase 中数据读取的最小单元。存储文件由数据块组成，可以在建表时按列族指定表数据的数据块大小。如果开启了 HBase 的数据压缩功能，那么数据在写入存储文件之前会按数据块进行压缩，读取时同样会将数据块解压后再存入缓存。

理想情况下，每次读取数据的大小都是指定数据块大小的倍数，这样可以避免一些无效的 I/O 请求，提高效率。

3. 基本架构

HBase 的基本架构由 Hmaster（主节点）、Standby HMaster、RegionServer 节点、ZooKeeper 集群及 HBase 的各种访问接口构成，如图 4-40 所示。

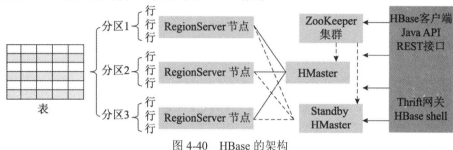

图 4-40　HBase 的架构

HBase 架构中的部分组件如下。

（1）HMaster（主节点）

在可用性方面，HBase 可以启动多个主节点 HMaster。ZooKeeper 的选择机制能够保证每时每刻只有一个 HMaster 在运行。

HMaster 的主要功能如下：

- 负责表和分区的管理工作；
- 管理用户对表的增、删、改、查操作；
- 管理分区服务器的负载均衡，调整分区分布；
- 分区被拆分后，负责新分区的分布；
- 在分区服务器宕机后，负责失效分区服务器上的分区迁移操作。

如果 HMaster 失败，HBase 的表仍然可以进行读写操作。但是，一些 HBase 的操作需要等到 HMaster 启动后才可以进行，比如 HMaster 启动之前分区不能拆分，因为新的 HBase 客户端无法找到分区信息。

HBase 可以配置高可用性，只须配置一个或多个备用的 HMaster 即可。如果一个 HMaster 失败了，那么备用的 HMaster 将会被选举为新的 HMaster。

（2）RegionServer（分区服务器）

分区服务器是 HBase 的核心模块，主要负责响应用户 I/O 请求。在 HDFS 中读写数据时，一个分区只能被一个分区服务器服务，这是 HBase 保持强一致性的原因。

RegionServer 的主要功能如下：

- 存储和管理分区；
- 处理用户发来的 I/O 请求；
- 当分区过多时自动拆分；
- 表操作以及直接与客户端连接。

（3）通信服务（ZooKeeper 集群）

HBase 依赖于 ZooKeeper 集群的支持，所有节点以及客户端都需要接入 ZooKeeper 集群。在 HBase 中，我们可以使用默认的 ZooKeeper 集群，也可以使用独立的 ZooKeeper 集群。通过将 conf/hbase-env.sh 文件中的 HBASE MANGES ZK 配置为 true，就可以使用 HBase 默认的 ZooKeeper 集群。在工程实践中，推荐使用独立的 ZooKeeper 集群。这种操作的优点是方便管理，同时可供其他软件使用。

（4）访问接口

使用 HBase RPC 机制可以和 HMaster、RegionServer 进行通信；通过访问 HBase 的接口，可以维护缓存来加快对 HBase 的访问，比如访问分区的位置信息等。

4.2.2 技术对比

HBase 的适用场景与非适用场景如表 4-4 所示。

表 4-4 HBase 的适用场景与非适用场景

适用场景	非适用场景
已经存在的 Hadoop 集群 数据量较大的场景 要求快速随机读取或写入的场景 简单的访问模式	只需要增加数据的场景 只有批量处理而不是随机读取的场景 复杂的访问模式 需要完全 SQL 支持的场景 单个节点可以处理所有数据的场景

下面将 HBase 与关系型数据库管理系统、HDFS 和 Hive 进行对比。

1. HBase 与关系型数据库管理系统

HBase 不同于传统关系型数据库管理系统，它更适用于大数据应用场景。表 4-5 显示了 HBase 与关系型数据库管理系统的对比。其中 ACID 是指数据库管理系统中所应具有的 4 种特性：原子性（Atomicity）、一致性（Consistency）、隔离性（Isolation）、持久性（Durability）。

表 4-5 HBase 与关系型数据库管理系统的对比

对比项	HBase	关系型数据库管理系统
硬件	集群商用硬件	较贵的多处理器硬件
容错	单个或少个节点宕机时对 HBase 没有影响	需要额外较复杂的配置
数据大小	TB 到 PB 级别的数据，千万到十亿级别的行	GB 到 TB 级别的数据，10 万到百万级别的行
数据层	一个分布式、多维度的排序映射	行或列向导
数据类型	字节码	支持多种数据类型
事务	部分支持事务的 ACID 属性（不支持跨多行的事务）	支持事务的 ACID 属性（支持跨多表或多行的事务）
查询语言	支持 API	SQL
索引	支持行键索引	支持索引功能
吞吐量	每秒万次查询	每秒千次查询

2. HBase 与 HDFS

表 4-6 显示了 HBase 与 HDFS 的对比。从中可以看到，HBase 和 HDFS 最大的不同是 HBase 可以随机读取数据。HDFS 对一次写入、多次读取的场景支持较好，但是对于随机读取支持比较差，而 HBase 则弥补了这一不足。

表 4-6　HBase 与 HDFS 的对比

对比项	HBase	HDFS
存储	HBase 是一个数据库，构建在 HDFS 之上	HDFS 是一个分布式文件系统，用于存储大量文件数据
查询	HBase 支持表数据快速查询	HDFS 不支持单个记录快速查询
延迟性	在十亿级别的表中查询单个记录延迟低	对于批量操作延迟较高
读取方式	可以随机读取数据	只能顺序读取数据

3. HBase 与 Hive

HBase 作为支持查询的数据管理系统，不能用于数据分析，因为它没有类似 HQL（Hive Query Language，Hive 查询语言）的专用语言。表 4-7 显示了 HBase 与 Hive 的对比。

表 4-7　HBase 与 Hive 的对比

对比项	HBase	Hive
延迟性	在线，延迟低	批处理，延迟较高
适用范围	在线读取	批量查询
结构化	非结构化数据	结构化数据
适用人群	程序员	数据分析人员

4.2.3　安装与配置

HBase 有 3 种配置模式，分别是单机模式、伪分布式模式和完全分布式模式。其中，伪分布式模式、完全分布式模式需要得到 ZooKeeper、Hadoop 集群的支持。本章介绍的配置模式是完全分布式模式。

HBase 的安装与配置步骤如下。

（1）下载 HBase 安装包

读者可前往 HBase 官网下载 HBase 安装包，本书选择的版本是 HBase 1.3.1。

使用 lrzsz 工具将下载的 HBase 安装包上传到虚拟机的/usr 目录下，将其解压，并建立软连接，命令如下。

```
tar -zvxf hbase-1.3.1-bin.tar.gz
ln -s hbase-1.3.1 hbase
```

（2）修改配置文件

首先，修改配置文件 hbase-env.sh，更改其中的 JAVA_HOME 地址，并关闭 HBase 默认的 ZooKeeper，改为使用独立的 ZooKeeper 集群，代码如下。

```
#JAVA_HOME
export JAVA_HOME=/opt/apps/jdk/
#关闭 HBase 默认的 ZooKeeper，使用独立的 ZooKeeper 集群
export HBASE_MANAGES_ZK=false
#设置 HBASE_PID_DIR 目录
export HBASE_PID_DIR=/opt/apps/hbase/pids
```

```
#HBase 日志目录
export HBASE_LOG_DIR=${HBASE_HOME}/logs
#设置 HBase 堆大小
export HBASE_HEAPSIZE=4G
#注销以下两项
# export HBASE_MASTER_OPTS="$HBASE_MASTER_OPTS -XX:PermSize=
128m -XX:MaxPermSize=128m -XX:ReservedCodeCacheSize=256m"
# export HBASE_REGIONSERVER_OPTS="$HBASE_REGIONSERVER_OPTS -XX:
PermSize=128m -XX:MaxPermSize=128m -XX:ReservedCodeCacheSize=256m"
```

其次，修改 hbase-site.xml 文件，需要配置 HDFS 中 HBase 的目录，并选择集群部署模式。如果需要使用 ZooKeeper 集群，则可以将多个 IP 地址以逗号分隔，也可以直接在 IP 后面配置端口，例如 xxx.xxx.x.1:2181, xxx.xxx.x.2:2181，代码如下。

```
<configuration>
    <property>
        <name>hbase.rootdir</name>
        <value>hdfs://Master:9000/hbase</value>
    </property>
    <property>
        <name>hbase.cluster.distributed</name>
        <value>true</value>
    </property>
    <property>
        <name>hbase.zookeeper.property.clientPort</name>
        <value>2181</value>
    </property>
    <property>
        <name>hbase.zookeeper.quorum</name>
        <value>Slave 0 的 IP 地址,Slave 1 的 IP 地址</value>
    </property>
    <property>
        <name>hbase.zookeeper.property.dataDir</name>
        <value>/opt/apps/zookeeper/data</value>
    </property>
     <property>
            <name>hbase.master.maxclockskew</name>
            <value>120000</value>
    </property>
</configuration>
```

然后，修改 regionservers 文件，配置服务器，如果采用单节点部署，那么只须配置本机即可，如果采用集群（如 3 台）部署，则需要配置所有服务器地址（如 server1、server2、server3），代码如下。

```
server.1
server.2
server.3
```

最后，修改/etc 目录下的 profile，配置 HBase 环境变量，其中需要在 HBASE_HOME 中填入 HBase 的安装路径，然后执行命令"source/etc/profile"使配置生效，代码如下。

```
export HBASE_HOME=HBase 安装路径
export PATH=$HBASE_HOME/bin:$PATH
```

（3）启动 HBase

可执行命令"start-hbase.sh"以启动 HBase，并执行命令"hbase shell"进行交互。

4.2.4　实践操作

在完成 HBase 的安装与配置后，便可进行 HBase 的实践操作环节。

HBase 的表结构如表 4-8 所示。在本节中，我们会在 HBase 自带的命令行工具对表结构进行操作，包括创建表、删除表、查看表、查看表结构等。

表 4-8　HBase 表结构

行	列				
row_key	column_family_1		column_family_2		column_family_3
	column_1	column_2	column_3	column_4	column_5
key_1	value1	value2			
key_2	value4	value5			
key_3		value5			
key_4	value1		value3		
key_5	value1			value4	

具体操作步骤如下。

（1）创建表

启动 HBase，在命令行中输入如下命令。

```
> create 'hbase_test','column_family_1', 'column_family_2', 'column_family_3'
```

建表的关键字是 create，hbase_test 是表名，column_family_1、column_family_2、column_family_3 是 3 个不同的列族名。

（2）删除表

删除表可执行命令"drop"。表创建成功后，默认状态是 enable，即"使用中"，删除表之前需先设置表的状态为"关闭中"，命令如下。

```
> disable 'hbase_test'
#设置表为"关闭中"
> drop 'hbase_test'
#删除表
```

（3）查看表

可执行命令"list"来查看当前创建的表，命令如下。

```
> list
TABLE
ai_ns:testtable
hbase_test
…
```

（4）查看表结构

可执行命令"describe"来查看表结构，其命令规范为 describe 'table'，命令如下。

```
> describe 'hbase_test'
Table hbase_test is ENABLED
hbase_test
COLUMN FAMILIES DESCRIPTION
{NAME => 'column_family_1', BLOOMFILTER => 'ROW', VERSIONS => '1',
IN_MEMORY => 'false', KEEP_DELETED_CELLS => 'FALSE', DATA_BLOCK_
ENCODING => 'NONE', TTL => 'FOREVER', COMPRESSION => 'NONE',
MIN_VERSIONS => '0', BLOCKCACHE => 'true', BLOCKSIZE => '65536',
REPLICATION_SCOPE => '0'}
…
```

（5）插入与更新数据

对于插入数据，较为普遍的方法是执行命令"put"，命令规范为 put 'table', 'row key', 'column_family:column', 'value'。命令如下。

```
> put 'hbase_test','key_1','column_family_1:column_1','value1'
> put 'hbase_test','key_1','column_family_1:column_2','value2'
```

通过查看创建表过程，可以知道，hbase_test 是表名，001 是 row_key，column_family_1:column_1 是列族以及列族对应的列，用冒号分隔，value1 是 column_1 列的值，可以用此方法插入表格的其他数据，命令如下。

```
put 'hbase_test','key_2','column_family_1:column_1','value4'
put 'hbase_test','key_2','column_family_1:column_2','value5'
put 'hbase_test','key_3','column_family_1:column_2','value5'
put 'hbase_test','key_4','column_family_1:column_1','value1'
put 'hbase_test','key_4','column_family_2:column_3','value3'
put 'hbase_test','key_5','column_family_1:column_1','value1'
put 'hbase_test','key_5','column_family_2:column_4','value4'
```

使用 put 方法可以插入新数据，同样也可以更新数据，使用方法与上述一致。当然，类似的 put 方法还有很多，但都是大同小异，可以执行命令"help "put""来查看。

（6）读取数据

根据以上的数据插入方式，可以联想到获取数据的命令"get"也可以使用类似的格式，命令如下。

```
> get 'hbase_test','key_1'
COLUMN                                  CELL
column_family_1:column_1                timestamp=1534259899359, value=value1
column_family_1:column_2                timestamp=1534259904389, value=value2
2 row(s) in 0.0220 seconds
```

同样地，类似的 get 方法还有很多，可以执行命令"help "get""来查看。

命令"get"虽然使用起来很方便，但是毕竟只能查看某一个行键下的数据，若需要查看所有数据，命令"get"明显不能满足我们的需求，此时可以执行命令"scan"来查看数据，命令如下。

```
> scan 'hbase_test'
ROW       COLUMN+CELL
key_1     column=column_family_1:column_1, timestamp=1534259899359, value=value1
key_1     column=column_family_1:column_2, timestamp=1534259904389, value=value2
key_2     column=column_family_1:column_1, timestamp=1534259909024, value=value4
key_2     column=column_family_1:column_2, timestamp=1534259913358, value=value5
key_3     column=column_family_1:column_2, timestamp=1534259917322, value=value5
…
```

同样地，也可以获取多列数据，可使用如下命令。

```
> scan 'hbase_test',{COLUMN =>['column_family_1:column_1','column_family_2:column_3']}
```

若要获取行键大于等于某个键的数据项，可使用如下命令。

```
> scan 'hbase_test',{COLUMN =>['column_family_1:column_1','column_family_2:column_3'], STARTROW => 'key_2'}
```

若要获取行键大于等于 key_2、小于 key_5 的数据项，可使用如下命令。

```
> scan 'hbase_test',{COLUMN =>['column_family_1:column_1','column_family_2:column_3'], STARTROW => 'key_2', STOPROW => 'key_5'}
```

需要注意的是，关键字 STARTROW 与 STOPROW 在对行键的包含关系上稍有区别，STARTROW 后的行键是包含在内的，而 STOPROW 后的行键则是不包含在内的，相当于"左闭右开"的关系。

（7）删除数据

如果需要删除数据，可以执行命令"delete"命令，命令如下。

```
> put 'hbase_test','key_6','column_family_3:','value6'
> delete 'hbase_test','key_6','column_family_3:'
```

4.2.5　小结

本节向读者介绍了 HBase 的数据模型、物理模型和基本架构，并将 HBase 与关系型数据库管理系统、HDFS 和 Hive 进行对比，分析了相关的异同和适用范围。

通过本节的讲解，读者可以了解 HBase 是一个开源的、分布式的、面向列的非关系型数据库。HBase 与传统的关系型数据库有着本质上的不同，并且在某些场合中，HBase 拥有独特的优势，它为大型数据的存储和某些特殊的应用提供了很好的解决方案。

4.2.6　课后习题

（1）简述 HMaster 的主要功能。

（2）什么是列族和列限定符？

（3）列举 HBase 的适用场景和非适用场景。

（4）按照 4.2.3 节和 4.2.4 节的相关内容，在自己的计算机上完成 HBase 的安装与配置，并进行实践操作。

4.3　Redis

NoSQL 的全称是 Not Only SQL，泛指非关系型数据库。NoSQL 不拘泥于关系型数据库的设计范式，放弃了通用的技术标准。针对某一领域的特定场景，非关系型数据库的性能、容量以及扩展性都有了一定程度的优势。

本节将会介绍 NoSQL 类型数据库 Redis。

4.3.1　Redis 介绍

作为一款高性能且开源的 NoSQL 类型数据库，Redis 是为了解决高并发、高扩展、大数据存储等一系列问题而提出的数据库解决方案。Redis 不能替代关系型数据库，只能作为特定环境下的扩充。

Redis 有如下优点：

- 数据读写速度快，因为它会把数据都读取到内存中后再进行相关操作，另外，Redis 是用 C 语言编写的，执行速度相对较快；
- 支持数据持久化到磁盘；
- 提供丰富的数据结构；
- 所有操作都是原子性的，所谓的原子性是指对数据的更改要么全部执行，要么全部不执行；
- 支持主从复制，主机会自动将数据同步到从机，还可以进行读写分离。

1. 基本架构

Redis 有 4 种部署模式，分别为单节点模式、主从模式、哨兵模式和集群模式。下面分别介绍其基本架构。

单节点模式是指只在一个节点安装 Redis，进行数据读写操作。该模式的优点是部署简单、成本低且不需要同步数据，缺点是如果该节点宕机将导致数据丢失，并且单节点服务器存在内存瓶颈，无法无限扩容。

如图 4-41 所示，Redis 支持主从模式，主机和从机能够实现数据同步，并且可以提供数据持久化和备份策略。这种模式具有高可靠性，能够在主机出现故障时切换为从机，保障服务平稳运行，另外，通过配置合理的备份策略，还能有效解决数据库误操作和数据异常丢失的问题。

哨兵模式主要包括哨兵集群和数据集群。哨兵集群是由若干哨兵节点组成的分布式集群，具有发现故障、故障自动转移等功能，可以在主节点宕机后自动选举新的主节点。哨兵模式如图 4-42 所示。

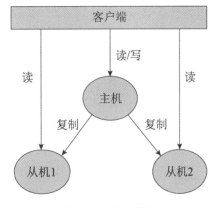

图 4-41　主从模式

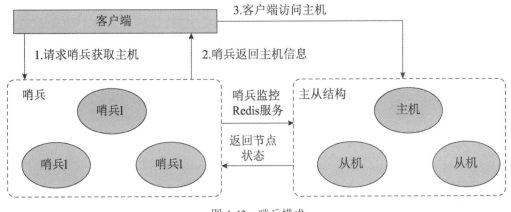

图 4-42　哨兵模式

如图 4-43 所示，集群模式主要解决 Redis 分布式方面的需求，能起到负载均衡的作用。Redis 集群需要配置 6 个以上的节点，其中，主机提供读写操作，从机作为备用节点。

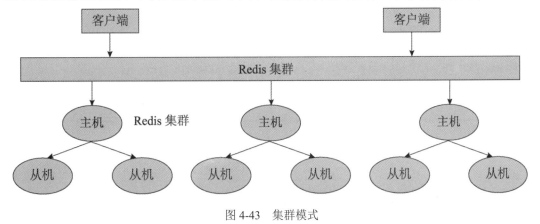

图 4-43　集群模式

2. 数据结构

Redis 包含 5 种基本数据结构类型，分别为 String、Hash、List、Set 和 Sorted Set。下

面分别介绍。

（1）String

String 是 Redis 中基础的数据结构类型，它在 Redis 中是二进制安全的，这意味着该类型可以接收任何格式的数据，比如 JSON 或者图像数据。

String 的常用命令及含义如表 4-9 所示。

表 4-9　String 的常用命令及含义

命令	含义
set key value	设置值
get key	获取值
get set	设置给定的值，并返回旧值
mget key1…keyn	获取一个或多个 Key 的值
incr key	将 Key 的值加 1
incrby key increment	将 Key 的值加上给定的增量值
decr key	将 Key 的值减 1
decrby key increment	将 Key 的值减去给定的增量值
strlen key	返回 Key 值的字符串的长度

（2）Hash

Redis 中的 Hash 可以看成由 String Key 和 String Value 组成的 Map 容器，该类型非常适合存储对象的信息。

Hash 的常用命令及含义如表 4-10 所示。

表 4-10　Hash 的常用命令及含义

命令	含义
hgetall key	获取 Key 的所有值
hincrby key field increment	将指定的 Key 的 field 加上给定的增量值
hkeys key	获取某个 Key 的所有 field
hvals key	获取某个 Key 的所有值
hlen key	获取 Hash 表中字段的数量
hexists key field	查看 Hash 表中的字段是否存在

（3）List

List 是按照插入顺序排列的字符串列表。和数据库结构中的普通链表一样，它可以在头部和尾部添加新的元素。在插入时，如果 Key 不存在，Redis 将为该 Key 创建一个新的列表，如果列表中所有的元素均被移除，那么该 Key 也会被从数据库中移除。

List 的常用命令及含义如表 4-11 所示。

表 4-11　List 类型常用命令及含义

命令	含义
lpush key value1…valuen	将一个值或多个值插入列表头部

命令	含义
rpush key value1···valuen	将一个值或多个值插入列表尾部
lrange key start stop	获取列表指定范围的元素
lpop key	获取列表中的第 1 个元素并将其移除
rpop key	获取列表中的最后 1 个元素并将其移除
llen key	获取列表长度
lset key index value	通过索引位置设置值
ltrim key start stop	对一个列表进行修剪,只保留指定区间的元素

（4）Set

Set 是 String 的无序集合,集合中的元素是唯一的,不能出现重复元素。由于 Redis 的集合是通过 Hash 表实现的,因此增加、删除、查询的时间复杂度都很低。

Set 的常用命令及含义如表 4-12 所示。

表 4-12　Set 的常用命令及含义

命令	含义
sadd key member1···membern	向集合中添加元素（Redis2.4 版本前,该操作只接受单个成员值）
scard key	获取集合的元素数量
sdiff key1···keyn	返回第 1 个集合与其他集合之间的差异
sinter key1···keyn	返回给定所有集合的交集
sunion key1···keyn	返回给定所有集合的并集
sismember key member	判断元素是否属于集合
smembers key	返回集合的所有成员
spop key	返回集合中的一个随机元素并移除该元素
srandmember key count	返回集合的一个或多个随机元素
srem key member1···membern	移除集合的一个或多个元素

（5）Sorted Set

有序集合和集合一样,也是 String 元素的集合,且不允许元素重复,不同的是,每个元素都会关联一个 double 类型的分数。Redis 正是通过分数将集合中的元素进行从小到大的排序。

Sorted Set 的常用命令及含义如表 4-13 所示。

表 4-13　Sorted Set 的常用命令及含义

命令	含义
zadd key score1 member1 ··· scoren membern	向有序集合中添加一个或多个元素,或更新已有成员的分数
zcard key	获取有序集合中的元素数量
zrange key start end	通过索引区间返回有序集合中的元素
zrevrange key start stop	通过索引区间返回有序集合中的元素,分数从高到低排序
zrangebyscore key min max	通过分数返回有序集合指定区间内的元素
zrevrangebyscore key min max	通过分数返回有序集合指定区间内的元素,分数由高到低排序
zrem key member	移除元素

命令	含义
zremrangebyrank key start stop	移除给定排名区间的所有元素
zremrangebyscore key min max	移除给定分数区间的所有元素
zscore key member	返回有序集合中元素的分数

Redis 的 2.8.9 版本添加了 HyperLogLog 结构，可以用来进行基数统计，优点是，当输入元素的数量或者体积非常大时，计算基数所需的存储空间是比较小的，而且是固定的。不过这仅仅是估算，存在一定的误差。基数计算指的是统计一批元素中不重复元素的个数。实现基数计算最常见的方法是用集合，但是在数据量较大的情况下，集合会占用很大的存储空间。

Redis 的 GEO 版本主要用于存储地理位置信息，并可对其进行操作。为了节省存储空间，Redis 引入了 BitMap（位图）这一数据结构，可以用作大规模数据的存储。BitMap 中的最小单位是 Bit（比特），每个比特的取值只能是 0 或 1，例如 BitMap 可以用来表示 10 亿用户在线状态（1 代表在线，0 代表离线）的数据。

3. Redis 与 HBase

HBase 和 Redis 的功能比较相似，都是 NoSQL 类型数据库，但是二者在读写性能、支持数据类型、数据大小、部署、应用场景等方面存在明显差异。

Redis 与 HBase 的比较如表 4-14 所示。

表 4-14　Redis 与 HBase 的比较

对比项	Redis	HBase
数据大小	受内存限制	受内存限制
数据类型	支持 Key-Value、List、Set 等丰富类型	只支持 Key-Value 类型
读写性能	读快写快	读慢写快
数据可靠性	异步复制数据，可能会丢失数据	采用 WAL（Write Ahead Log，预写日志）方式，先记录日志再写入数据，理论上不会丢失数据
部署难易程度	部署简单	需要依赖 Hadoop、ZooKeeper 等提供的服务，部署困难
应用场景	缓存	大数据的持久存储

两款数据库的一般性选择标准如下。

- 如果不能容忍数据丢失，可选用 HBase；如果需要一个高性能的环境，而且能够容忍一定的数据丢失，那么可以考虑使用 Redis。
- Redis 适合做缓存，HBase 适合做数据持久化存储，因此可以考虑用 Redis+HBase 实现数据仓库+缓存数据库，同时兼顾速度和扩展性。

4.3.2　安装与配置

本节将介绍 Redis 的安装与配置。本书选择的版本是 Windows Redis5.0，操作系统为 Windows 10，步骤如下。

（1）下载安装包

读者可前往 Redis 官方网站下载 Windows 10 版本的 Redis 5.0 压缩包，并将其解压到全英文路径下。

Redis 配置文件为 redis.windows.conf 和 redis.windows-service.conf。Redis 的绑定地址以及默认端口配置都可以在这两个文件中找到。redis-server.exe 用于启动 Redis 服务。

（2）配置系统变量

如图 4-44 所示，在系统变量 Path 中添加 Redis 的安装路径，配置完成后单击"确定"按钮。

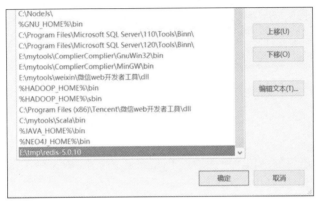

图 4-44　配置环境变量

（3）验证

首先以管理员身份运行命令提示符工具，然后输入命令"redis-cli -v"，如果出现类似"redis-cli 5.0.14.1"的版本信息，则证明环境变量配置正确。

（4）初始化 Redis 服务

首先以管理员身份运行命令提示符，然后输入命令"redis-server"以启动 Redis 服务。如果出现图 4-45 所示的提示信息，则证明 Redis 初始化成功。但需要注意此时不能关闭该窗口，因为关闭窗口意味着关闭 Redis 服务。

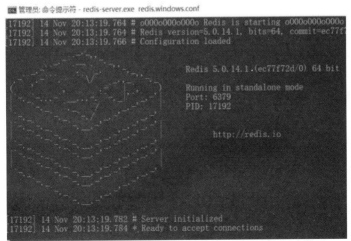

图 4-45　Redis 初始化成功

（5）启动 Redis 服务

在 Redis 服务启动成功且没有关闭的情况下，启动一个新的命令提示符窗口，输入命令"redis-cli"。如果出现"127.0.0.1:6379>"信息，则代表 Redis 服务启动成功。

如图 4-46 所示，设置一个键为 key_test，值为 test_value 的测试样例。

```
set key_test "test_value"
get key_test
```

输出结果如图 4-46 所示。

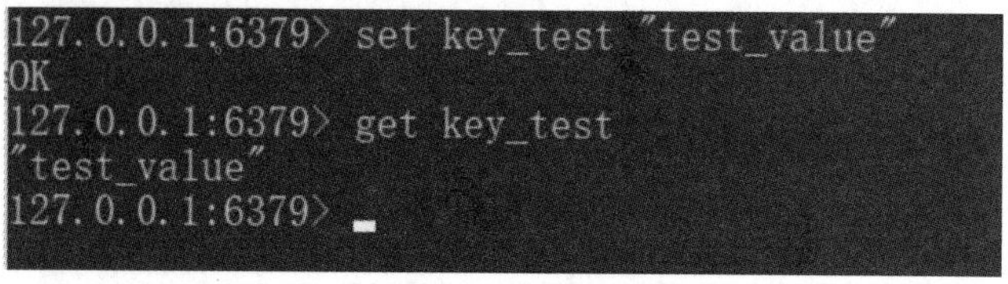

图 4-46　测试 Redis

4.3.3　实践操作

Redis 提供多种语言的 API。下面通过 Python 语言操作 Redis，分别进行 5 种基本数据结构类型的创建、输出等操作。

（1）String 操作

启动 Redis 服务，打开 Pycharm，导入 Redis 库，将键值对存入 Redis 缓存，并输出键对应的值，代码如下。

```
import redis
pool = redis.ConnectionPool(host='localhost', port=6379, decode_responses=True)
r = redis.Redis(connection_pool=pool)
r.set('food', 'mutton', ex=3)
print(r.get('food'))
```

输出结果如下。

```
mutton
```

将过期时间设置为 3ms，代码如下。3ms 后，键 food 的值会变成 None。

```
import redis
pool = redis.ConnectionPool(host='localhost', port=6379, decode_responses=True)
r = redis.Redis(connection_pool=pool)
r.set('food', 'beef', px=3)
print(r.get('food'))
```

输出结果如下。

```
None
```

如果将 nx 设置为 True，则只有键不存在时，当前 set()操作才执行，代码如下。例如，如果键 fruit 不存在，则输出是 True；如果键 fruit 已经存在，则输出是 None。

```
import redis
```

```
pool = redis.ConnectionPool(host='localhost', port=6379, decode_responses=True)
r = redis.Redis(connection_pool=pool)
print(r.set('fruit', 'watermelon', nx=True))
```

可以一次性设置或取出多个键值对，代码如下。

```
r.mget({'k1': 'v1', 'k2': 'v2'})
r.mset(k1="v1", k2="v2")
print(r.mget("k1", "k2"))
print(r.mget("k1"))
```

（2）Hash 操作

Hash 是一个键值对集合，同时也是 String 的映射表，特别适合用于存储对象。创建 Hash Set 并获取值的代码如下。

```
import redis
import time
pool = redis.ConnectionPool(host='localhost', port=6379, decode_responses=True)
r = redis.Redis(connection_pool=pool)
r.hset("hash1", "k1", "v1")
r.hset("hash1", "k2", "v2")
print(r.hkeys("hash1")) # 获取 Hash 中的所有键
print(r.hget("hash1", "k1"))      # 获取 Hash 表中一个键对应的值
print(r.hmget("hash1", "k1", "k2")) # 获取 Hash 表中多个键对应的值
r.hsetnx("hash1", "k2", "v3")   # 为 Hash 表中不存在的字段赋值，如果字段存在则无效
print(r.hget("hash1", "k2"))
```

输出结果如下，由于 K2 所对应的字段已经存在，因此 hsetnx()方法无效。

```
['k1', 'k2']
v1
['v1', 'v2']
v2
```

在 Hash Set 中批量设置键值对的代码如下。

```
r.hmset("hash2", {"k2": "v2", "k3": "v3"})
print(r.hget("hash1","k2"))
```

输出结果如下。

```
v2
```

（3）List 操作

Redis 列表是简单的字符串列表，按照插入顺序排序。可以添加一个元素到列表的头部（左端）或者尾部（右端）。向列表中增加数据的代码如下。

```
import redis
import time
pool = redis.ConnectionPool(host='localhost', port=6379, decode_responses=True)
```

```
r = redis.Redis(connection_pool=pool)
r.lpush("list1", 11, 22, 33)
print(r.lrange('list1', 0, -1))
```

输出结果如下。

```
['33', '22', '11']
```

在列表的右端依次增加数据 44、55、66，并输出列表长度，代码如下。

```
r.rpush("list2", 44, 55, 66)
print(r.llen("list2"))
print(r.lrange("list2", 0, -1))
```

输出结果如下。

```
3
['44', '55', '66']
```

在已有的列表左端添加元素，代码如下。

```
r.lpushx("list10", 10)
print(r.llen("list10"))
print(r.lrange("list10", 0, -1))
r.lpushx("list2", 77)
print(r.llen("list2"))
print(r.lrange("list2", 0, -1))
```

输出结果如下。

```
0
[]
4
['77', '44', '55', '66']
```

在列表中删除指定的值，代码如下。

```
r.lrem("list2", "11", 1)
print(r.lrange("list2", 0, -1))
r.lrem("list2", "99", -1)
print(r.lrange("list2", 0, -1))
r.lrem("list2", "77", 1)
print(r.lrange("list2", 0, -1))
```

（4）Set 操作

Set 是 String 的无序集合。由于集合是通过 Hash 表实现的，因此添加、删除、查询的时间复杂度都是 $O(1)$。在集合中添加元素的代码如下。

```
r.sadd("set1", 33, 44, 55, 66)
print(r.scard("set1"))
print(r.smembers("set1"))
['77', '44', '55', '66']
```

```
['44', '55', '66']
```

输出结果如下。

```
4
{'55', '44', '33', '66'}
```

（5）Sorted Set 操作

Sorted Set 的成员是唯一的，但分数却可以重复。在有序集合中添加元素的代码如下。

```
import redis
import time
pool = redis.ConnectionPool(host='localhost', port=6379, decode_responses=True)
r = redis.Redis(connection_pool=pool)
r.zadd("me1", mapping={"x1": 1, "x2": 3})
r.zadd("me2", mapping={"x1": 1, "x3": 5, "x4": 3})
print(r.zcard("me1"))
print(r.zcard("me2"))
print(r.zrange("me1", 0, -1))
print(r.zrange("me2", 0, -1, withscores=True))
```

4.3.4　小结

通常将 Redis 称为数据结构服务器，因为 Redis 的值可以是 Sting、Hash、List、Set 和 Sorted Set 等类型。

在本节中，读者了解了 Redis 的基本架构和数据结构，同时通过与 HBase 对比，了解了两款 NoSQL 数据库的异同，还学习了如何根据不同的使用场景选择合适的工具。最后通过实践操作，读者可以掌握 Redis 的安装及基本数据结构的使用方法。

4.3.5　课后习题

（1）简述 Redis 高并发和存储速度快的原因。

（2）Redis HyperLogLog 的用途及优点是什么？

（3）按照 4.3.2 节和 4.3.3 节的相关内容，在自己的计算机上完成 Redis 的安装与配置，并进行实践操作。

第5章

图数据处理

在现实生活中，许多数据都可以用图来表示，比如社交网络中的人际关系、地图数据、基因信息等。但是，传统的关系型数据库并不适合表示这类数据。

图数据库（graph database）是一种新型的 NoSQL 类型数据库，其数据存储结构和查询方式均基于图论。在图论中，图（graph）是一种抽象数据结构，用于表示对象之间的关系，使用顶点（vertex）和边（edge）进行描述，其中，顶点表示对象，边表示对象之间的关系。也可以将图数据理解为可抽象成用图描述的数据。

图数据库非常适合存储图结构的数据，其中 Neo4j 是高性能图数据库之一。与传统的关系型数据库以行、列、表的方式存储数据不同，Neo4j 以节点、关系、属性和标签存储数据。

图计算是指以图作为数据模型来表达并解决问题的过程。图计算系统是指以高效解决图计算问题为目标的系统软件。图计算广泛应用在社交网站等场景中。当图的规模非常大的时候，就需要使用分布式图计算框架，而 Spark GraphX 是 Spark 中专门用于图和图计算的组件，它基于 Spark 提供一站式解决方案，可以便捷且高效地完成图计算的整个流程。

本章将分别介绍 Neo4j 与 Spark GraphX。

5.1 Neo4j

5.1.1 Neo4j 介绍

Neo4j 是一款高性能的 NoSQL 类型数据库，它以图的形式存储结构化数据。作为一个嵌入式、基于磁盘且具备完全事务特性的 Java 持久化引擎，Neo4j 也被视为一个高性能的图引擎，该引擎具备成熟数据库的所有特性。

Neo4j 的适用场景有很多，以下是 3 个典型的场景。

- 欺诈检测。通过分析人员关系图，可以深入了解潜在的洗钱网络及相关信息，例如对用户的账号、IP 地址、MAC 地址和手机 IMEI 号进行关联分析。

- 社交网络查询。Neo4j 可以进行复杂关系的查询，将使用者或资料作为节点，使用者与资料的关系作为节点间的关系。例如，Neo4j 可以存储公司和员工的资料，可以查询员工与公司的关系、员工与员工的关系、公司与其他类似公司的关系等。
- 企业图谱。企业在日常经营中可能会涉猎社会的各个领域，通过建立企业数据图谱，层层挖掘信息，有助于全面了解企业的相关情况。

1. 运行原理

如图 5-1 所示，当开启一个 Neo4j 实体时，它会连接到 ZooKeeper Service 并注册，以明确主机（Neo4j Master）的位置。如果某台机器是主机，那么新的实体将以从机（Neo4j Slave）的形式启动并连接到主机。

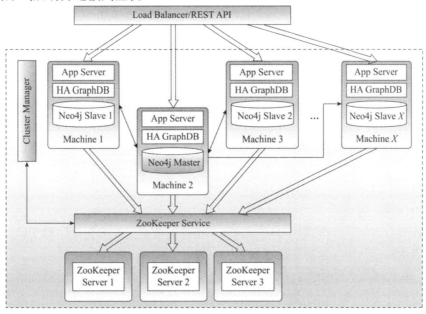

图 5-1　Neo4j 的基本架构

当从机执行写入事务时，每个写入操作都将与主机同步（主机与从机将被锁定）。当事务被提交时，首先会保存在主机中。当主机事务提交成功后，从机上的事务也会被提交。因此，为确保一致性，在执行写入操作前，从机与主机必须保持实时同步。

开发者可以通过修改配置文件，将数据库实体设置成只作为从机。虽然此实体在系统故障恢复选择时将不可能再成为主机，但是从机的行为与其他从机一样，有永久写入主机的能力。

主机在执行写入操作时，与在普通的嵌入模式中执行一样，此时主机不会推送更新消息到从机。通过从机执行所有写入操作的优点是数据将被复制到两台机器上，能够避免选择新的主机时回滚失败的情况。

配套资源验证码 232747

当某台 Neo4j 数据库的服务不可用时，协调器会将其删除。当主机宕机时，ZooKeeper 会自动选择新的主机。

一般情况下，当一台新的主机被选择并在几秒内启动时，这段时间内不会执行任何写入操作（此时写入会引发异常）。当某台机器从故障中恢复后，会自动重新连接 ZooKeeper 集群。如果在旧的主机恢复之前选择了新的主机并进行更改，那么会有两个不同版本的数据，此时旧主机会移除分支数据并从新主机下载最新版本的数据。

2. 技术优势

Neo4j 的主要技术优势如下。

（1）高性能

Neo4j 具有图结构的自然伸展特性，可以依据该特性设计免索引邻近节点遍历的查询算法。

图的遍历是图数据结构所具有的独特算法，从一个节点开始，根据其连接关系可以方便快速地找出它的邻近节点。这种查询数据的方法并不受数据量的影响，因为邻近查询仅查询有限的局部数据，而不是对整个数据库进行搜索。

因此，Neo4j 具有非常高效的查询性能，相比于关系型数据库，Neo4j 的查询速度提高了数倍乃至数十倍，而且不会因数据量的增长而下降。关系型数据库则不同，因为关系型数据库使用了范式设计，所以在查询时如果需要表示复杂的关系，将会构造很多连接，导致复杂的计算过程。随着数据量的增长，即使关系型数据库查询的是小部分数据，查询速度也会变得越来越慢，性能也会日趋下降。

（2）设计的灵活性

在互联网应用中，业务需求会随着时间和条件的改变而发生变化，对于以往使用结构化数据的系统来说，适应这种变化通常较为困难。

Neo4j 具有图数据结构的自然伸展特性及非结构化的数据格式，使得数据库设计具有很大的伸缩性和灵活性。由于随着需求的变化，新增的节点、关系及属性并不会影响原有数据的正常使用，因此使用 Neo4j 进行数据库设计，可以更灵活地适应业务需求的变化，更快地响应需求变化的调整。

图数据库 Neo4j 和关系型数据库管理系统 RDBMS 的对比如表 5-1 所示。

表 5-1　Neo4j 和 RDBMS 的对比

对比项目	Neo4j	RDBMS
数据结构	允许对数据进行简单且多样的管理	高度结构化的数据
灵活性	数据添加和定义灵活，不受数据类型和数量的限制，无需提前定义	表需要预定义，且修改、添加操作复杂，对数据有严格的限制
查询时间	可提供常数时间的关系查询操作	关系查询操作耗时
查询语言	提供全新的查询语言，查询语句更加简单	查询语句复杂，尤其是当涉及 join 或 union 操作时

5.1.2　安装与配置

由于 Neo4j 是基于 Java 的图数据库，运行 Neo4j 需要启动 JVM 进程，因此必须安装
JDK。本书选择的版本是 JDK1.8。安装与配置步骤如下。

（1）下载安装包

读者可前往 Neo4j 官网下载安装包，本书选择的版本是 Neo4j Community Edition 3.5.35。

将下载好的安装包解压到全英文路径下（如果安装路径下存在中文，可能会导致系统
不可用）。

（2）配置系统变量

进入系统"设置"界面，单击"高级系统设置，单击"高级"选项卡中的"环境变量"
按钮，单击"新建"按钮，以新建系统变量。在弹出的对话框中，填写变量名和变量值，
填写完成后，单击"确定"按钮，如图 5-2 所示。

图 5-2　新建系统变量

如图 5-3 所示，在系统变量的 Path 中新建一个值。设置完成后，单击"确认"按钮。

图 5-3　设置 Path

（3）启动 Neo4j 服务

首先以管理员身份打开命令行提示符，然后输入命令"neo4j.bat"和命令"neo4j.bat console"以启动 Neo4j 服务，如图 5-4 所示。

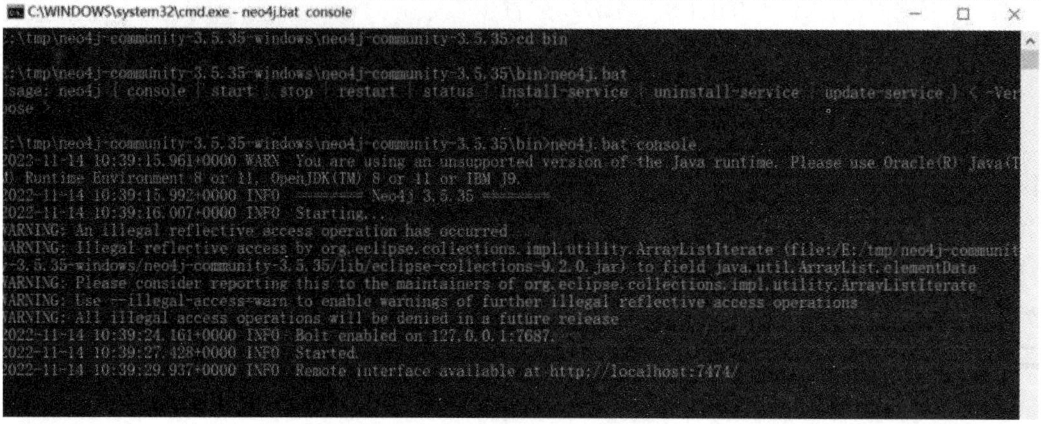

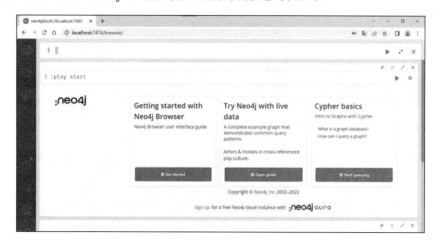

图 5-4　启动 Neo4j 服务

如图 5-5 所示，可以使用浏览器访问"http://localhost:7474/browser/"以查看服务，初始用户名和密码均为"neo4j"。首次使用系统时需要修改密码。

图 5-5　查看 Neo4j 服务

5.1.3　实践操作

在本节中，我们将通过 Neo4j 构建一个人物关系网来练习 Neo4j 的基本操作，包括创建节点、创建关系、增加属性等，具体步骤如下。

（1）创建人物节点

如下代码所示，CREATE 是创建操作关键字；Person 是标签，代表节点的类型；花括号{}代表节点的属性，整体结构类似于 Python 语言的字典。

```
CREATE (n:Person {name:'John'}) RETURN n;
```

首先创建一个标签为 Person 的节点，如图 5-6 所示。该节点具有一个 name 属性，属性值是 John。

在创建节点 John 后，继续创建多个人物节点，并分别命名，代码如下。

图 5-6 创建人物节点

```
CREATE (n:Person {name:'Sally'}) RETURN n;
CREATE (n:Person {name:'Steve'}) RETURN n;
CREATE (n:Person {name:'Mike'}) RETURN n;
CREATE (n:Person {name:'Liz'}) RETURN n;
CREATE (n:Person {name:'Shawn'}) RETURN n;
```

输出结果如图 5-7 所示。

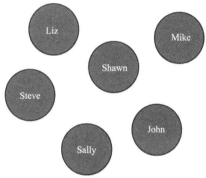

图 5-7 创建多个人物节点

（2）创建地区节点

输入如下代码，创建地区节点。

```
CREATE (n:Location {city:'Miami', state:'FL'});
CREATE (n:Location {city:'Boston', state:'MA'});
CREATE (n:Location {city:'Lynn', state:'MA'});
CREATE (n:Location {city:'Portland', state:'ME'});
CREATE (n:Location {city:'San Francisco', state:'CA'});
```

输出结果如图 5-8 所示。

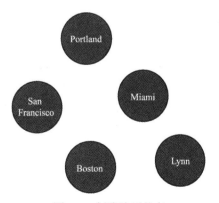

图 5-8 创建地区节点

（3）创建关系

如下代码所示，方括号"[]"表示关系，FRIENDS 表示关系的类型。箭头是有方向的，表示从 a 到 b 的关系。

```
MATCH (a:Person {name:'Liz'}),
      (b:Person {name:'Mike'})
MERGE (a)-[:FRIENDS]->(b)
```

图 5-9 展示了 Mike 和 Liz 的朋友关系。

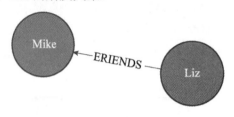

图 5-9　创建关系

（4）增加属性

在关系中也可以使用花括号"{}"来增加关系的属性。例如，添加 Shawn 和 Sally 自 2001 年起就是好朋友属性，代码如下。

```
MATCH (a:Person {name:'Shawn'}),
(b:Person {name:'Sally'})
MERGE (a)-[:FRIENDS {since:2001}]->(b)
```

输出结果如图 5-10 所示。

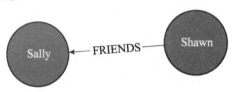

图 5-10　增加属性

（5）添加关系

添加关系的代码如下。

```
MATCH (a:Person {name:'Shawn'}), (b:Person {name:'John'}) MERGE (a)-[:FRIENDS
{since:2012}]->(b);
MATCH (a:Person {name:'Mike'}), (b:Person {name:'Shawn'}) MERGE (a)-[:FRIENDS
{since:2006}]->(b);
MATCH (a:Person {name:'Sally'}), (b:Person {name:'Steve'}) MERGE (a)-[:FRIENDS
{since:2006}]->(b);
MATCH (a:Person {name:'Liz'}), (b:Person {name:'John'}) MERGE (a)-[:MARRIED
{since:1998}]->(b);
```

图 5-11 展示了各个人物的朋友关系和婚姻关系。

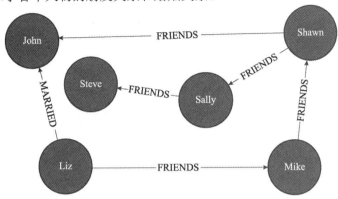

图 5-11   添加关系

（6）建立人物和地区的关系

人物和地区的关系是 BORN_IN，表示出生地，它同样有一个属性，表示出生年份，代码如下。

```
MATCH (a:Person {name:'John'}), (b:Location {city:'Boston'}) MERGE (a)-[:BORN_IN
{year:1978}]->(b);
MATCH (a:Person {name:'Liz'}), (b:Location {city:'Boston'}) MERGE (a)-[:BORN_IN
{year:1981}]->(b);
MATCH (a:Person {name:'Mike'}), (b:Location {city:'San Francisco'}) MERGE
(a)-[:BORN_IN {year:1960}]->(b);
MATCH (a:Person {name:'Shawn'}), (b:Location {city:'Miami'}) MERGE (a)-[:BORN_IN
{year:1960}]->(b);
MATCH (a:Person {name:'Steve'}), (b:Location {city:'Lynn'}) MERGE (a)-[:BORN_IN
{year:1970}]->(b);
```

图 5-12 为建立的人物与地点的关系。

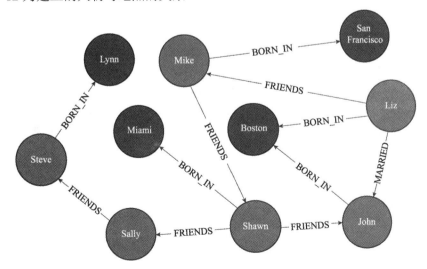

图 5-12   建立人物和地区的关系

（7）查询在 Boston 出生的人物

查询代码如下。

```
MATCH (a:Person)-[:BORN_IN]->(b:Location {city:'Boston'}) RETURN a,b
```

图 5-13 展示了 John 和 Liz 是出生在 Boston 的人物。

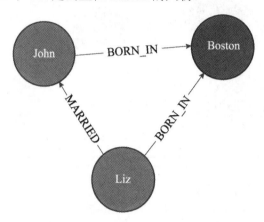

图 5-13   在 Boston 出生的人物

（8）查询所有对外有关系的节点

查询代码如下。注意箭头的方向，返回结果不含任何地区节点，因为地区并没有指向其他节点。

```
MATCH (a)-->() RETURN a
```

图 5-14 展示了所有对外有关系的节点。

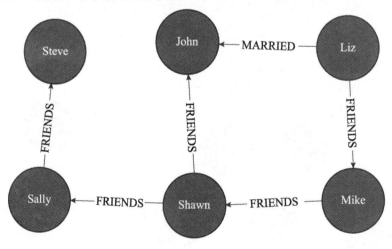

图 5-14   所有对外有关系的节点

（9）查询所有有关系的节点

查询代码如下。

```
MATCH (a)--() RETURN a
```

所有有关系的节点如图 5-15 所示。

（10）查询有婚姻关系的节点

查询代码如下。

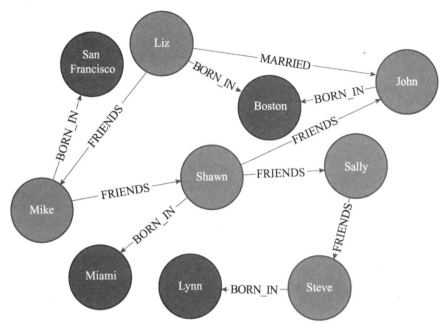

图 5-15　有关系的节点

```
MATCH (n)-[:MARRIED]-() RETURN n
```

图 5-16 表示 Liz 和 John 之间存在婚姻关系。

图 5-16　有婚姻关系的节点

（11）查询某人朋友的朋友

以查询 Mike 朋友的朋友为例，代码如下。

```
MATCH (a:Person {name:'Mike'})-[r1:FRIENDS]-()-[r2:FRIENDS]-(friend_of_a_frie
nd) RETURN friend_of_a_friend.name AS fofName
```

查询结果如图 5-17 所示。

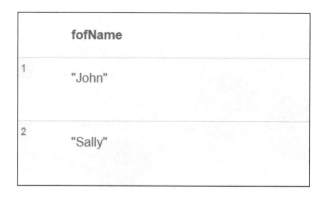

图 5-17　Mike 朋友的朋友

（12）修改节点的属性

SET 表示修改。此处以修改年龄为例，具体代码如下。

```
MATCH (a:Person {name:'Liz'}) SET a.age=34;
MATCH (a:Person {name:'Shawn'}) SET a.age=32;
MATCH (a:Person {name:'John'}) SET a.age=44;
MATCH (a:Person {name:'Mike'}) SET a.age=25;
```

如图 5-18 所示，John 的年龄被改为 44。

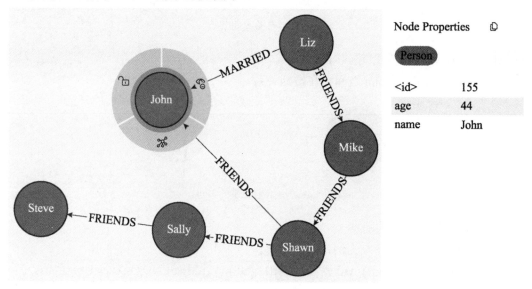

图 5-18　修改节点的属性

5.1.4　小结

在本节中，读者学习了高性能的图数据库 Neo4j 的运行原理和技术优势。Neo4j 也是图引擎，具有成熟数据库的所有特性。通过与传统关系型数据库进行比较，读者能够了解 Neo4j 在大数据时代的重要作用。最后，我们还对 Neo4j 的安装配置和基本使用方法进行讲解，旨在帮助读者快速掌握 Neo4j 的基本操作。

5.1.5 课后习题

（1）简述 Neo4j 的基本架构。

（2）Neo4j 所采用的算法是什么？

（3）列举 Neo4j 的主要技术优势。

（4）简述 Neo4j 的适用场景。

（5）将所有写入操作通过从机执行的好处是什么？

（6）按照 5.1.2 节和 5.1.3 节的相关内容，在自己的计算机上完成 Neo4j 的安装与配置，并进行实践操作。

5.2 Spark GraphX

在现实生活中，很多场景都需要用图来表达事物之间复杂的关系，例如淘宝用户好友关系图、道路图、电路图等。

为了从这些关系中获取有用信息，图计算应运而生，并成为一个不断发展的领域。通过对大型图数据的迭代处理，我们可以获得图数据中隐藏的重要信息。

作为下一代人工智能的核心技术，图计算已广泛应用于医疗、教育、军事、金融等多个领域。

5.2.1 图计算基础知识

图计算是指以图作为数据模型进行问题表达和分析的过程。图分为两种类型——有向图和无向图，如图 5-19 所示。

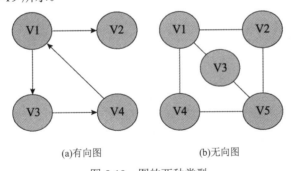

(a)有向图　　　　　　　　(b)无向图

图 5-19　图的两种类型

图 5-19（a）所示的图结构称为有向图，其中，V1、V2、V3、V4 为顶点（vertex），任意两个顶点之间的通路被称为边（edge）。有向图的边是有方向的，以某一顶点为起点的边的数量称为该顶点的出度（out degree），而以该顶点为终点的边的数量称为该顶点的入度（in degree）。图 5-19（b）所示的图结构称为无向图，它以无序数对表示图中的一条边。

1. 存储模式

如图 5-20 所示，图的存储模式分为点分割与边分割两种。

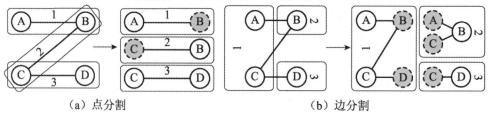

（a）点分割　　　　　　　　　　　（b）边分割

图 5-20　图的存储模式

（1）点分割

采用点分割（vertex cut）存储模式时，图的每条边只存储 1 次，都只会出现在一台机器上。这种存储模式的缺点是邻居多的点会被复制到多台机器上，这将增加存储开销，可能产生数据同步问题；优点是可以大大减少内网通信流量。

（2）边分割

采用边分割（edge-cut）存储模式时，图的每个顶点都需要存储 1 次，但有的边会被截断并分配到两台机器上。这种存储模式的一个优点是能够节省存储空间；缺点是在对图进行基于边的计算时，对于一条两个顶点被分配到不同机器上的边来说，要跨机器通信传输数据，内网通信流量较大。

虽然两种方式各有利弊，但点分割模式更为流行。目前大部分分布式图计算框架都将自己底层的存储模式变成点分割（2013 年，GraphLab2.0 将其存储方式由边分割变为点分割，在性能上取得重大提升），主要原因有以下两点。

● 时间比磁盘更珍贵。由于磁盘价格下降，存储空间价格不再高昂，而内网的通信技术则没有突破性进展，因此集群计算时内网带宽仍然非常宝贵。

● 在当前的应用场景中，不同点的邻居数量相差悬殊，而边分割会使大多数邻居的点所相连的边被分配到不同机器上，这会使得内网带宽负载增大，于是边分割存储模式渐渐被抛弃。

2. 计算模式

目前基于图的并行计算框架有很多，例如 Giraph/HAMA、Pregel 和 GraphLab 等。这些计算框架的计算模式类似，都基于 BSP（Bulk Synchronous Parallel，整体同步并行）计算模式。

BSP 模式将计算过程组织成一系列的超步（superstep）。以图的广度优先遍历为例，BSP 模式的执行过程是：从起始节点开始，每前进一层就对应一个超步。如图 5-21 所示，从纵向上看，它使用的是串行模式；从横向上看，它使用的是并行模式，每两个超步之间需要设置 1 个栅栏（barrier），即整体同步点，以确定所有并行的计算都完成后再启动下一轮超步。

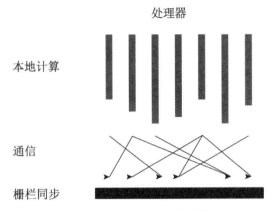

图 5-21 BSP 模式执行过程

每 1 个超步包含以下 3 个步骤。

1) 计算：每个处理器都利用上一个超步传来的消息与本地数据进行本地计算。

2) 消息传递：处理器计算完毕后，将消息传递给与之关联的其他处理器。

3) 整体同步点：确定所有的计算和消息传递都完成后进入下一个超步。

5.2.2 Spark GraphX 介绍

Spark GraphX 是一个分布式图计算框架，它基于 Spark，为图计算和图挖掘提供了大量简洁且易用的接口，这可以极大地满足开发人员快速处理图的需求。

1. 基本框架

图分割能够将一个大图均匀地分成一系列的子图以适应分布式应用。每个子图都存储在一台机器上，子图之间可以并行执行，如果当前子图需要其他子图的信息，就会产生通信开销。而图分割的质量影响着每台机器的存储成本和机器之间的通信成本。但是，当图数据被分割并进入不同计算节点进行计算时，由于同一个节点在不同机器上可能有多个副本，因此如何在节点副本之间进行数据交换协同成为一个难题。为了解决这个难题，研究人员提出了 GAS 模型。

GAS 模型主要分为 3 个阶段——Gather、Apply 和 Scatter。

● Gather 阶段的工作主要集中在搜集计算节点图数据中某个顶点的相邻边和顶点的数据上。

● Apply 阶段的主要工作是将各个节点计算得到的数据统一发送到某个计算节点，再由这个计算节点对图节点的数据进行汇总求和计算，这样将得到这个图节点的所有相邻节点总数。

● Scatter 阶段的主要工作是将中心节点计算的图节点信息发送到各个计算节点，收到信息的节点将会更新与这个图相关的数据。

由于在设计 Spark GraphX 时，点分割和 GAS 模型技术已经成熟，因此 Spark GraphX 一开始就站在巨人的肩膀上，同时还在设计和编码阶段进行优化，在功能和性能之间实现最佳平衡。

Spark GraphX 的核心抽象是弹性分布式属性图（resilient distributed property graph），它是一种有向多重图，其中的点和边都带有属性。Spark GraphX 扩展了 Spark RDD 的抽象，包含 Table 和 Graph 两种视图，而且只需要一份物理存储，如图 5-22 所示。

图 5-22　Table 和 Graph 两种视图

Spark GraphX 的两种视图都有自己独有的操作符，操作灵活且执行效率高。

Spark GraphX 的代码框架如图 5-23 所示，其中大部分的实现都是围绕分区优化进行的。这也在一定程度上说明了点分割的存储和相应的计算优化是图计算框架的重点和难点。

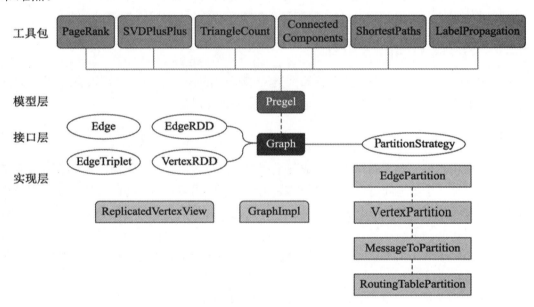

图 5-23　Spark GraphX 的代码框架

2. 应用场景

社交网络中不同用户之间的关系像图一样存储着大量数据，若要处理这些数据，则需要用到图计算。现在的图计算并非简单的单机计算，而是分布式图计算。由于 Spark GraphX 底层是基于 Spark 的，因此 Spark GraphX 天然是一个分布式图处理系统。

图的分布式以及并行处理其实就是把大图拆分成很多的子图，然后对这些子图分别迭代，分阶段进行计算。从广义上说，一切基于图数据进行的分析计算都属于图计算。因此，图计算涉及的应用领域十分广泛。图数据能够刻画个体之间的关系，尤其适合用于与大数据关联关系相关的分析计算。

图计算过程示例如图 5-24 所示。图计算系统在收到文档后会将文档变换成链接表形式的视图，并基于这个视图进行分析，得到超链接。最后使用 PageRank 分析超链接得到最高使用者社群。

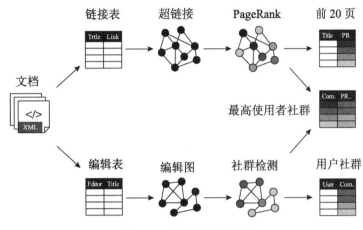

图 5-24　图计算过程示例

3. Spark GraphX 和 Neo4j

Spark GraphX 和 Neo4j 都是图数据分析领域的重要工具，但是在本质上却有着很大的区别。Neo4j 是用于存储和基础查询图结构数据的工具，而 Spark GraphX 则是针对某个具体的图结构数据集进行分析，探究其内部规律的工具。

Neo4j 偏重于存储和查询，可以将其看成是把图结构数据集存储起来的图书馆，并配备了相应的分类、标识和搜索查询等功能，也就是各种遍历算法，方便用户快速找到所需要的图数据集。而如果开发者想从图数据中得到信息，并且想从中总结知识来指导自己今后的行为，那么这个过程就可以看成是联机分析处理，Spark GraphX 就属于这类工具。

5.2.3　实践操作

本节将对 Spark GraphX 中的 pregel() 函数进行介绍。pregel() 函数借鉴了 MapReduce 的思想，使用在点之间传递数据的方式，使用户能够在不考虑并行分布式计算细节的情况下，仅须实现一个顶点更新函数，即可在遍历顶点时进行调用。

图 5-25 中有 6 个人，每个人包含名字和年龄，这些人根据社会关系形成 8 条边，每条边都有表示距离的属性。

1. pregel() 函数的使用方法

pregel() 函数的使用方法如下。

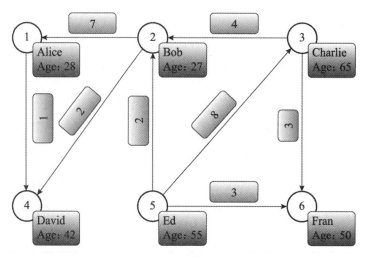

图 5-25   6 人关系图

```
import org.apache.spark.{SparkConf, SparkContext}
import org.apache.spark.graphx._
import org.apache.spark.rdd.RDD
object Graphx06_Pregel extends App{
    //创建 SparkContext
val sparkConf = new SparkConf().setAppName("GraphxHelloWorld").setMaster
("local[*]")
    val sparkContext = new SparkContext(sparkConf)
    //创建顶点
    val vertexArray = Array(
        (1L, ("Alice", 28)),
        (2L, ("Bob", 27)),
        (3L, ("Charlie", 65)),
        (4L, ("David", 42)),
        (5L, ("Ed", 55)),
        (6L, ("Fran", 50))
    )
val vertexRDD: RDD[(VertexId, (String,Int))] = sparkContext.makeRDD(vertexArray)
    //创建边
    val edgeArray = Array(
        Edge(2L, 1L, 7),
        Edge(2L, 4L, 2),
        Edge(3L, 2L, 4),
        Edge(3L, 6L, 3),
        Edge(4L, 1L, 1),
```

```
        Edge(2L, 5L, 2),
        Edge(5L, 3L, 8),
        Edge(5L, 6L, 3)
    )
    val edgeRDD: RDD[Edge[Int]] = sparkContext.makeRDD(edgeArray)
    //创建图
    val graph1 = Graph(vertexRDD, edgeRDD)
    //使用 pregel()函数计算顶点 5 到各个顶点的最短距离
    //设置被计算的图中起始顶点 id
    val srcVertexId = 5L
    val initialGraph = graph1.mapVertices{case (vid,(name,age)) => if(vid==srcVertexId)
    0.0 else Double.PositiveInfinity}
    //调用 pregel()函数
    val pregelGraph = initialGraph.pregel(
    Double.PositiveInfinity,
    Int.MaxValue,
    EdgeDirection.Out
    )(
        (vid: VertexId, vd: Double, distMsg: Double) => {
            val minDist = math.min(vd, distMsg)
            println(s"顶点${vid}，属性值${vd}，收到消息${distMsg}，合并后的属性值
            ${minDist}")
            minDist
        },
        (edgeTriplet: EdgeTriplet[Double,PartitionID]) => {
            if (edgeTriplet.srcAttr + edgeTriplet.attr < edgeTriplet.dstAttr) {
                println(s"顶点${edgeTriplet.srcId} 向顶点${edgeTriplet.dstId} 发送消息
                ${edgeTriplet.srcAttr + edgeTriplet.attr}")
                Iterator[(VertexId,Double)]((edgeTriplet.dstId,edgeTriplet.srcAttr+ edgeTriplet.attr))
            } else {
                Iterator.empty
            }
        },
        (msg1: Double, msg2: Double) => math.min(msg1, msg2)
    )
    //输出结果
//  pregelGraph.triplets.collect().foreach(println)
//  println(pregelGraph.vertices.collect.mkString("\n"))
```

```
//关闭 SparkContext
sparkContext.stop()
}
```

2. 原理分析

在调用 pregel()函数之前,首先把图 5-25 所示的 6 人关系图抽象为 Pregel 模型,各个顶点的初始化属性如图 5-26 所示。每个顶点有两种状态,分别为钝化状态(休眠)和激活状态,当顶点成功接收消息或发送消息后就会处于激活状态。我们将顶点 5 到自己的距离设为 0,其他顶点到自己的距离都设为无穷大(Infinity,缩写为 Infi)。开始迭代时,所有的顶点都会接收初始消息 initialMsg,此时所有顶点都处于激活状态(浅色标识的节点)。

第 1 次迭代时,所有顶点会沿着边的方向调用 sendMsg()函数发送消息给目标顶点,如果源顶点和边的属性值之和小于目标顶点的属性值,则发送消息,否则不发送。当顶点 5 成功地将消息发送到顶点 3 和顶点 6 后,只有顶点 5、3、6 处于激活状态,其他顶点全部休眠。顶点 3 和顶点 6 会调用 vprog()函数将收到的消息和自身属性值合并。第 1 次迭代的结果如图 5-27 所示。

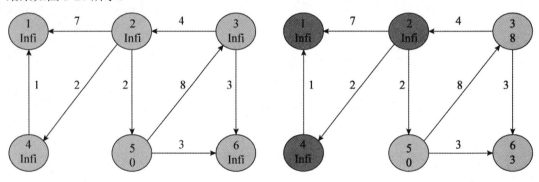

图 5-26　初始化属性　　　　　　图 5-27　第 1 次迭代的结果

第 2 次迭代时,顶点 3 向顶点 2 发送消息成功,此时两个顶点处于激活状态。顶点 2 将收到的消息和自身属性值合并。第 2 次迭代的结果如图 5-28 所示。

第 3 次迭代时,顶点 2 向顶点 1 和顶点 4 发送消息成功,此时 3 个顶点处于激活状态,顶点 1 和顶点 4 将收到的消息和自身属性值合并。第 3 次迭代的结果如图 5-29 所示。

第 4 次迭代时,顶点 4 向顶点 1 发送消息成功,此时两个顶点处于激活状态,顶点 1 将收到的消息和自身属性值合并。第 4 次迭代的结果如图 5-30 所示。

第 5 次迭代时,顶点 1 和顶点 4 发送消息失败,此时全部节点处于休眠状态,程序结束。第 5 次迭代的结果如图 5-31 所示。

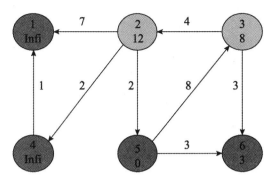

图 5-28　第 2 次迭代的结果

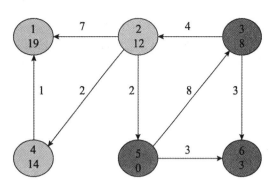

图 5-29　第 3 次迭代的结果

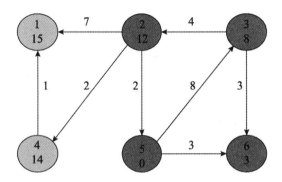

图 5-30　第 4 次迭代的结果

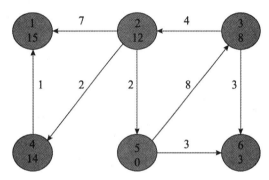

图 5-31　第 5 次迭代的结果

输出结果如下。

```
//各个顶点接收初始消息 initialMsg
顶点 3，属性值 Infinity，收到消息 Infinity，合并后的属性值 Infinity
顶点 2，属性值 Infinity，收到消息 Infinity，合并后的属性值 Infinity
顶点 4，属性值 Infinity，收到消息 Infinity，合并后的属性值 Infinity
顶点 6，属性值 Infinity，收到消息 Infinity，合并后的属性值 Infinity
顶点 1，属性值 Infinity，收到消息 Infinity，合并后的属性值 Infinity
顶点 5，属性值 0，收到消息 Infinity，合并后的属性值 0
//第 1 次迭代
顶点 5 向顶点 6 发送消息 3
顶点 5 向顶点 3 发送消息 8
顶点 3，属性值 Infinity，收到消息 8，合并后的属性值 8
顶点 6，属性值 Infinity，收到消息 3，合并后的属性值 3
//第 2 次迭代
顶点 3 向顶点 2 发送消息 12
顶点 2，属性值 Infinity，收到消息 12，合并后的属性值 12
//第 3 次迭代
顶点 2 向顶点 4 发送消息 14
```

顶点 2 向顶点 1 发送消息 19

顶点 1，属性值 Infinity，收到消息 19，合并后的属性值 19

顶点 4，属性值 Infinity，收到消息 14，合并后的属性值 14

//第 4 次迭代

顶点 4 向顶点 1 发送消息 15

顶点 1，属性值 19，收到消息 15，合并后的属性值 15

//第 5 次迭代不用发送消息

5.2.4   小结

本节首先介绍了 Spark GraphX 的发展历程、基本框架和应用场景，然后通过实践操作加深对 Spark GraphX 的理解。

图计算的核心是将数据建模为图结构，将问题的解法转化为图结构上的计算问题，特别是当问题涉及关联分析时，图计算往往能使问题的解法很自然地表示为一系列对图结构的操作和计算过程。

Spark GraphX 的核心是继承了 RDD（Resilient Distributed Datasets，弹性分布式数据集）的弹性分布属性图，该属性图中的点和边都包含属性。Spark GraphX 包含两种视图——Table 和 Graph。为了提高存储效率，Spark GraphX 使用点分割存储模式。

5.2.5   课后习题

（1）Apply 阶段的主要工作是什么？

（2）简述点分割与边分割。

（3）按照 5.2.3 节的相关内容，在自己的计算机上完成实践操作。

第6章

离线计算

离线计算，也称为批处理，指的是对静态数据进行离线、批量处理的一种数据处理方式。离线计算适用于对实时性要求不高的场景，比如离线报表、数据分析等。离线处理的延迟一般在分钟级或小时级，在多数场景下，离线计算是周期性执行的，任务周期可以小到分钟级，比如每 5min 进行一次统计分析，也可以大到月级别或年级别，比如每月执行一次任务。由于 MapReduce 需要将整个数据集加载到内存中进行处理，而且处理过程中需要多次读写磁盘，处理速度相对较慢，不适合实时计算场景。因此 MapReduce 通常用于离线计算场景，例如数据挖掘、机器学习、日志分析等需要处理大规模数据集的应用。

MapReduce 是一个离线计算框架，可以简单且便捷地完成大规模数据的处理任务。

Spark 是升级版的 MapReduce 计算引擎，引入了 RDD，支持复杂的计算模型，同时优化了磁盘性能问题（每个数据集任务都被抽象成 RDD 后再进行计算，并存储在内存中）。

在本章中，我们将分别介绍 MapReduce 与 Spark。

6.1 MapReduce

MapReduce 是 Hadoop 的核心部分之一。它是一种编程模型，也是一种应用广泛的离线计算框架，常用于处理大规模数据集的并行运算。MapReduce 能够将在大规模集群上运行的复杂并行计算过程高度抽象为两个函数——Map() 和 Reduce()。MapReduce 可以通过先分解后合并的过程，将一个复杂的大任务分解为若干个简单的小任务，即首先进行多个 Map 小任务的并行计算，最后通过 Reduce 对多个 Map 的计算结果进行汇总，形成最终结果。

MapReduce 只支持批处理任务，不支持流处理任务。虽然它能有效处理海量数据的大多数批处理工作，但是在数据处理方面却存在较大的延迟。MapReduce 多用于非实时的离线计算，也就是频率主要以天（包含小时、周和月）为单位的数据计算任务。

6.1.1　MapReduce 介绍

MapReduce 适合执行离线批处理任务，具有良好的容错性和扩展性。MapReduce 的缺点是启动开销大、磁盘利用率较低。MapReduce 是面向大数据并行处理的计算模型、框架和平台，它隐含了以下 3 层含义。

- 基于集群的高性能并行计算平台：MapReduce 允许使用廉价服务器来构建分布式并行计算集群，这个集群可以包含几十、几百甚至几千个节点。
- 并行计算与运行软件框架：MapReduce 提供了一个庞大且设计精良的并行计算软件框架。这个框架能自动完成计算任务的并行化处理，还能自动划分计算数据和计算任务，并在集群节点上自动分配和执行任务以及收集计算结果。通过将并行计算涉及的系统底层细节（如数据分布存储、数据通信、容错处理等）交由系统处理，能够大大减轻开发人员的负担。
- 并行程序设计模型与方法：MapReduce 提供一种简便的并行程序设计方法，即通过 map() 和 reduce() 两个函数实现基本的并行计算任务，同时提供抽象的操作和并行应用程序接口，使开发人员可以简单方便地完成大规模数据的编程和计算处理任务。

1. 核心思想

MapReduce 的核心思想是分而治之，它能够将一个大规模数据集切分成多个小数据集，并在多台机器上同时处理。

MapReduce 的名称来源于该模型最重要的两个函数 map() 和 reduce()。MapReduce 的执行流程如图 6-1 所示。整个执行流程一般包含 Input/Split、Map、Shuffle 与排序、Reduce 和 Output 5 个阶段。

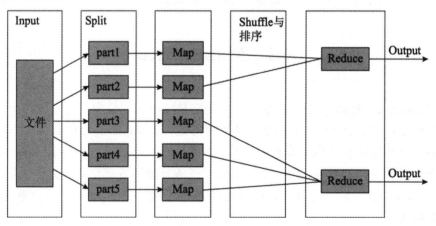

图 6-1　MapReduce 的执行流程

Input/Split 阶段的任务是把输入的数据集划分为若干独立的分片，并对数据进行预处理，将其处理成适合 Map 阶段处理的形式。

Map 阶段的任务以完全并行的方式处理这些数据块，产生中间结果，其中，一个分片对应一个 Map。

Shuffle 与排序阶段的任务是对 Map 的输出进行排序和分割，将 Map 阶段产生的无序输出按照指定规则重新排序，之后交给对应的 Reduce。

Reduce 阶段的任务是首先提取所有相同的 Key，并根据用户的需求对相应的 Value 进行操作，最后以<Key,Value>的形式输出结果。一般情况下，任务的输入和输出都会被存储在文件系统中。

MapReduce 还负责任务的调度、监控以及重新执行已经失败的任务。通常，MapReduce 和分布式文件系统运行在同一组节点上，计算节点和存储节点通常在一起。这种配置方式可以高效调度存储数据的节点，提高集群网络宽带的利用率。

对于用户而言，仅仅需要调用 MapReduce 接口来编写 map()和 reduce()两个函数，并完成指定输出路径等简单操作，就可以完成 MapReduce 编程，框架本身会完成后续的一系列工作。

2. 原理详解

MapReduce 模型支持 Java、C++、Ruby 和 Python 等众多编程语言。

由于 Hadoop 基于 Java 语言进行开发，因此本章的实践操作环节主要介绍如何用 Java 来开发 MapReduce 程序。

MapReduce 模型使用键值对作为输入和输出。MapReduce 程序的基本流程如图 6-2 所示。

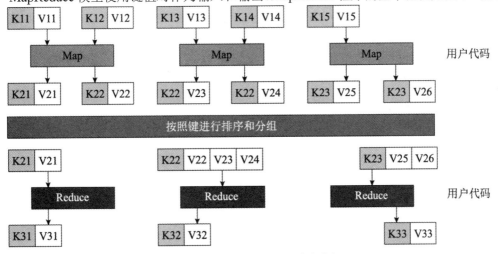

图 6-2　MapReduce 程序的基本流程

具体流程如下。

1）函数 map()对每一个输入的键值对进行处理。

2）函数 map()产生中间结果键值对，例如(K21,V21)，(K22,V22)等，一个输入键值对可产生一个或多个键值对。

3）中间结果键值对按键进行排序和分组，将具有相同键的数据项连接成列表，例如将键为 K22 的键值对中的值连接成列表。

4）函数 reduce()对每一个中间结果键和值的列表进行处理。

5）函数 reduce()产生最终结果键值对。

3. 高级特性

（1）计数器

计数器（Counter）的作用是记录作业的执行进度和状态。在编程时，可以在程序的某个位置插入计数器，记录作业运行期间的各种细节数据，这些计数器的数值可用于评估MapReduce 程序的性能。

MapReduce 框架提供了如下内置计数器。

- 作业计数器：可以记录启动的 Map 和 Reduce 的任务数与失败任务数等。与其他计数器不同，由于作业计数器由 JobTracker 或者 YARN 维护，因此无须在网络间传输数据。这些计数器都是作业级别的统计量，其值不会随着任务运行而改变。
- 任务计数器：包括 MapReduce 任务计数器、文件系统计数器等。任务计数器负责采集与任务相关的信息和计算结果。在 Hadoop1.x 版本中，任务计数器由其关联的任务维护，并定期发送给 TaskTracker，然后由 TaskTracker 发送给 JobTracker。
- 自定义计数器：用户也可以自行编写计数器。在 MapReduce 程序中，可以调用函数 Context.getCounter()返回计数器对象，还可以调用函数 setValue()设置计数器的值或调用函数 increment()增加计数器的值。

（2）合并器

合并器（Combiner）主要在所有数据处理完成后使用。Map 需要对所有中间结果进行一次合并，将重复的 Key 值进行合并确保最终只生成一个数据文件。可以将合并器看作一种局部的本地化的 Reduce。当函数 map()输出的数据量很大时，网络的传输带宽将成为系统效率的瓶颈。此时，Hadoop 允许对函数 Map()的输出指定一个合并函数，以减少传输到 Reduce 中的数据量。若要指定合并器的类名，那么可以在 MapReduce 程序中调用函数 Job.setCombinerClass()。

6.1.2 安装与配置

除了数据存储平台 HDFS 以外，海量数据的资源管理器 YARN 也是 Hadoop 不可或缺的核心组件。我们在集成开发环境中编写的 MapReduce 程序需要通过 YARN 提交。本节介绍 YARN 的相关配置。

1. 配置核心文件

在/usr/hadoop-2.10.1/etc/hadoop 路径下，修改 yarn-site.xml 文件，配置 Master 的主机名、工作主机服务列表和附属服务，代码如下。

```
<configuration>
    <property>
        <name>yarn.resourcemanager.hostname</name>
        <value>Master 的 IP 地址</value>
    </property>
    <property>
```

```
                    <name>yarn.nodemanager.aux-services</name>
                    <value>mapreduce_shuffle</value>
         </property>
              <property>
<name>yarn.nodemanager.auxservices.mapreduce_shuffle.class</name>
                 <value>org.apache.hadoop.mapred.ShuffleHandler</value>
         </property>
</configuration>
```

将配置好的 yarn-site.xml 文件发送到两台 Slave,命令如下。

```
scp yarn-site.xml Slave 0 的 IP 地址:/usr/hadoop-2.10.1/etc/hadoop/
scp yarn-site.xml Slave 1 的 IP 地址:/usr/hadoop-2.10.1/etc/hadoop/
```

在/usr/hadoop-2.10.1/etc/hadoop 路径下,将模板文件复制一份并重命名为 mapred-site.xml,代码如下。

```
cp mapred-site.xml.template mapred-site.xml
```

在 mapred-site.xml 文件的配置项中添加如下代码。

```
<configuration>
        <property>
                <name>mapreduce.framework.name</name>
                <value>yarn</value>
        </property>
</configuration>
```

将修改好的 mapred-site.xml 文件发送到两台 Slave,命令如下。

```
scp mapred-site.xml Slave 0 的 IP 地址:/usr/hadoop-2.10.1/etc/hadoop/
scp mapred-site.xml Slave 1 的 IP 地址:/usr/hadoop-2.10.1/etc/hadoop/
```

2. 启动 YARN

如图 6-3 所示,在/usr/hadoop-2.10.1/sbin 路径下输入命令"./start-all.sh",启动 YARN。

```
[root@Master hadoop-2.10.1]# cd sbin
[root@Master sbin]# ./start-all.sh
This script is Deprecated. Instead use start-dfs.sh and start-yarn.sh
Starting namenodes on [Master]
root@master's password:
Master: starting namenode, logging to /usr/hadoop-2.10.1/logs/hadoop-root-namenode-Master.out
192.168.152.72: starting datanode, logging to /usr/hadoop-2.10.1/logs/hadoop-root-datanode-Slave0.out
192.168.152.73: starting datanode, logging to /usr/hadoop-2.10.1/logs/hadoop-root-datanode-Slave1.out
Starting secondary namenodes [0.0.0.0]
root@0.0.0.0's password:
0.0.0.0: starting secondarynamenode, logging to /usr/hadoop-2.10.1/logs/hadoop-root-secondarynamenode-Master.out
starting yarn daemons
starting resourcemanager, logging to /usr/hadoop-2.10.1/logs/yarn-root-resourcemanager-Master.out
192.168.152.73: starting nodemanager, logging to /usr/hadoop-2.10.1/logs/yarn-root-nodemanager-Slave1.out
192.168.152.72: starting nodemanager, logging to /usr/hadoop-2.10.1/logs/yarn-root-nodemanager-Slave0.out
```

图 6-3　启动 YARN

如图 6-4 所示,YARN 也提供网页管理器,可通过"主机名+端口号 8088"的形式进行访问。

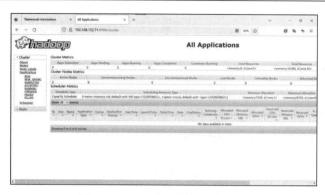

图 6-4　YARN 提供的网页管理器

6.1.3　实践操作

本节将介绍 MapRduce 的 3 种经典开发实践项目，包括词频统计、高级特性实践和迭代式应用程序开发。

1. 词频统计

下面我们将在 IDEA 集成开发环境中编写 MapReduce 程序，对 words.dict 数据集中各个单词出现的频次进行计数，并输出结果。具体步骤如下。

（1）启动集群

打开 Xshell 客户端，启动 Master、Slave0 和 Slave1，在任意位置输入命令"start-all.sh"启动 YARN。

（2）创建项目

打开 IntelliJ IDEA，新建项目，本书选择的版本是 2020.3.2，读者可以从 JetBrains 官网下载对应版本。

Maven 是一个管理软件项目的综合工具，负责管理项目从包依赖到版本发布的整个过程。新建项目时，需要在 New Project 窗口中选择"Maven"，勾选"Create from archetype"，然后单击"下一步"按钮，选择项目路径并完成创建，如图 6-5 所示。

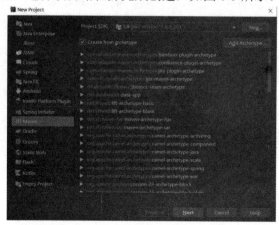

图 6-5　新建项目

在项目的 pom.xml 文件中添加如下代码，导入运行 MapReduce 程序所需的类库，并单击"import changes"按钮，导入依赖。

```
<dependencies>
        <dependency>
                <groupId>org.apache.hadoop</groupId>
                <artifactId>hadoop-client</artifactId>
                <version>2.7.1</version>
        </dependency>
        <dependency>
                <groupId>junit</groupId>
                <artifactId>junit</artifactId>
                <version>4.12</version>
        </dependency>
</dependencies>
```

在项目的 resources 目录下新建 log4j.properties 日志配置文件，并在配置文件中添加如下内容。

```
# Configure logging for testing: optionally with log file
#log4j.rootLogger=debug,appender
log4j.rootLogger=info,appender
#log4j.rootLogger=error,appender
#\u8F93\u51FA\u5230\u63A7\u5236\u53F0
log4j.appender.appender=org.apache.log4j.ConsoleAppender
#\u6837\u5F0F\u4E3ATTCCLayout
log4j.appender.appender.layout=org.apache.log4j.TTCCLayout
```

创建一个新的 Java 类 WordCount，代码如下。

```
import java.io.IOException;
import java.util.StringTokenizer;
import org.apache.hadoop.conf.Configuration;
import org.apache.hadoop.fs.Path;
import org.apache.hadoop.io.IntWritable;
import org.apache.hadoop.io.Text;
import org.apache.hadoop.mapreduce.Job;
import org.apache.hadoop.mapreduce.Mapper;
import org.apache.hadoop.mapreduce.Reducer;
import org.apache.hadoop.mapreduce.lib.input.FileInputFormat;
import org.apache.hadoop.mapreduce.lib.output.FileOutputFormat;
public class WordCount {
    public static class TokenizerMapper
        extends Mapper<Object, Text, Text, IntWritable> {
```

```
        private final static IntWritable one = new IntWritable(1);
        private Text word = new Text();
        public void map(Object key, Text value, Context context
        ) throws IOException, InterruptedException {
            StringTokenizer itr = new StringTokenizer(value.toString());
            while (itr.hasMoreTokens()) {
                word.set(itr.nextToken());
                context.write(word, one);
            }
        }
    }
    public static class IntSumReducer
        extends Reducer<Text, IntWritable, Text, IntWritable> {
            private IntWritable result = new IntWritable();
            public void reduce(Text key, Iterable<IntWritable> values,Context context) throws
IOException, InterruptedException {
                int sum = 0;
                for (IntWritable val : values) {
                    sum += val.get();
                }
                result.set(sum);
                context.write(key, result);
            }
        }
    public static void main(String[] args) throws Exception {
        Configuration conf = new Configuration();
        Job job = Job.getInstance(conf, "word count");
        job.setJarByClass(WordCount.class);
        job.setMapperClass(TokenizerMapper.class);
        job.setCombinerClass(IntSumReducer.class);
        job.setReducerClass(IntSumReducer.class);
        job.setOutputKeyClass(Text.class);
        job.setOutputValueClass(IntWritable.class);
        FileInputFormat.addInputPath(job, new Path(args[0]));
        FileOutputFormat.setOutputPath(job, new Path(args[1]));
        System.exit(job.waitForCompletion(true) ? 0 : 1);
        }
    }
```

上述代码在导入相关的类库后，定义了类 WordCount，类 WordCount 包含三部分：

- 类 TokenizerMapper，定义函数 map()；
- 类 IntSumReducer，定义函数 reduce()；
- 函数 main()，配置 MapReduce 程序。

在定义类 TokenizerMapper 时，其继承了类 Mapper，并且指定了 4 个泛型参数，分别对应函数 map()的输入键类型、输入值类型、输出键类型和输出值类型。在本项目中分别为普通对象（Object）、字符串（Text）、字符串（Text）和整型（IntWritable）。函数 map()的输出键类型与输出值类型必须与函数 reduce()的输入键类型与输入值类型匹配。函数 map()有 3 个参数，分别为输入键 Key、输入值 value 和环境变量 context。输入键 Key 默认为行号，而输入值 value 则为每一行的文本字符串，函数 map()将文本按空格分割成单词，并遍历这些单词，最后调用函数 context.write()输出单词值为 1 的键值对。

在定义类 IntSumReducer 时，其继承了类 Reducer，并且指定了 4 个泛型参数，分别对应函数 reduce()的输入键类型、输入值类型、输出键类型和输出值类型。在本项目中分别为字符串（Text）、整型（IntWritable）、字符串（Text）和整型（IntWritable）。函数 reduce()有 3 个参数，分别为输入键 Key、输入值列表 values 和环境变量 context。函数 reduce()会遍历输入值列表并总和，统计该键出现的次数，最后调用函数 context.write()输出单词及其出现次数的键值对。

在定义函数 main()时，首先需要调用构造函数定义一个 Job 类型的对象，并指定第 2 个参数为作业的名称。然后，调用一系列 setX()函数分别设置作业的程序包、类 Mapper、类 Combiner、类 Reducer 以及输出键类型和输出值类型。接着分别调用函数 FileInputFormat.addInputPath()和 FileOutputFormat.setOutputPath()设置作业的输入路径和输出路径。最后，调用函数 System.exit()等待作业退出，并返回状态码。

（3）运行项目

首先，在配套资料资料包中下载 words.dict 文件，在项目的 src 目录下新建一个名为 input 的文件夹，并将下载好的 words.dict 文件复制到 input 文件夹中，如图 6-6 所示。

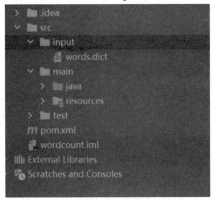

图 6-6   将 words.dict 文件复制到 input 文件夹中

然后，在菜单栏中选择"Run"选项，单击"Edit Configurations"选项，配置命令参数，需要在"Program arguments"中填写"src/input src/output"。

最后运行 WordCount 项目，src 目录下将生成 output 文件夹（若已经存在 output 文件夹，则需要先删除它，否则会运行失败），文件夹中的 part-r-00000 文件即为输出结果，如图 6-7 所示。

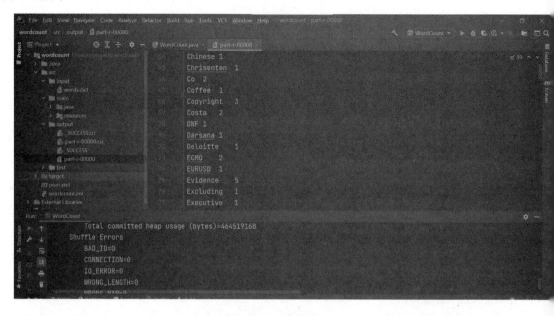

图 6-7　WordCount 项目输出结果

（4）打包项目

在菜单栏中选择"File"，单击"Project Structure"选项，然后选择"Artifacts"，单击加号，并按图 6-8 所示进行操作打包 Jar 文件，完成后单击"Apply"按钮并关闭窗口，在该步骤中需要在 src 目录中指明主类的地址，以避免出现找不到主类的情况。

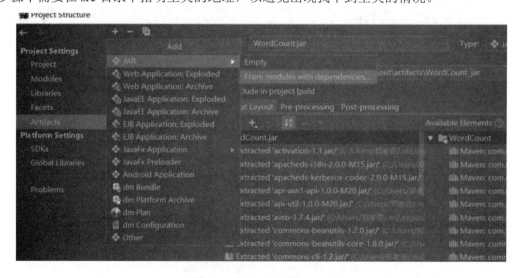

图 6-8　打包 Jar 文件

完成上述步骤后，单击菜单栏中的"Build"选项，选择"Build Artifacts"，并单击 Action

中的"Build"选项开始打包过程，如图 6-9 所示。打包成功后，将在项目目录下生成 out
文件夹和对应的 Jar 文件。

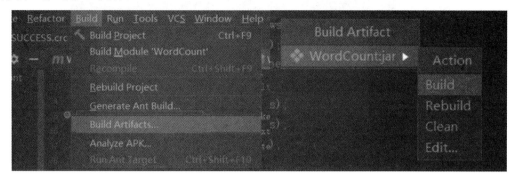

图 6-9　开始打包

（5）在 Hadoop 中运行 Jar 文件

输入命令"rz"将生成的 Jar 文件发送到/tmp 目录下。然后，在 HDFS 的 home 目录下
创建 input 文件夹，将 words.dict 文件传入其中，代码如下。之后提交 MapReduce 程序，如
图 6-10 所示。

```
hdfs dfs -mkdir /input
yarn jar WordCount.jar /input /output
```

```
[root@Master tmp]# yarn jar WordCount.jar /input /output
22/10/20 21:47:15 INFO client.RMProxy: Connecting to ResourceManager at /192.168.152.71:8032
22/10/20 21:47:16 WARN mapreduce.JobResourceUploader: Hadoop command-line option parsing not performed. Implement the Tool
cation with ToolRunner to remedy this.
22/10/20 21:47:19 INFO input.FileInputFormat: Total input files to process : 1
22/10/20 21:47:19 INFO mapreduce.JobSubmitter: number of splits:1
22/10/20 21:47:20 INFO mapreduce.JobSubmitter: Submitting tokens for job: job_1666273315066_0002
22/10/20 21:47:21 INFO conf.Configuration: resource-types.xml not found
22/10/20 21:47:21 INFO resource.ResourceUtils: Unable to find 'resource-types.xml'.
22/10/20 21:47:21 INFO resource.ResourceUtils: Adding resource type - name = memory-mb, units = Mi, type = COUNTABLE
22/10/20 21:47:21 INFO resource.ResourceUtils: Adding resource type - name = vcores, units = , type = COUNTABLE
22/10/20 21:47:21 INFO impl.YarnClientImpl: Submitted application application_1666273315066_0002
22/10/20 21:47:21 INFO mapreduce.Job: The url to track the job: http://Master:8088/proxy/application_1666273315066_0002/
22/10/20 21:47:21 INFO mapreduce.Job: Running job: job_1666273315066_0002
22/10/20 21:47:42 INFO mapreduce.Job: Job job_1666273315066_0002 running in uber mode : false
22/10/20 21:47:42 INFO mapreduce.Job:  map 0% reduce 0%
22/10/20 21:48:07 INFO mapreduce.Job:  map 100% reduce 0%
22/10/20 21:48:22 INFO mapreduce.Job:  map 100% reduce 100%
22/10/20 21:48:23 INFO mapreduce.Job: Job job_1666273315066_0002 completed successfully
22/10/20 21:48:24 INFO mapreduce.Job: Counters: 49
        File System Counters
            FILE: Number of bytes read=82548
            FILE: Number of bytes written=581541
            FILE: Number of read operations=0
```

图 6-10　执行 MapReduce 任务

需要注意，必须保证输出路径中不存在 output 文件夹，否则作业会执行失败。

完成上述步骤后，输入命令"hdfs dfs -tail /output/part-r-00000"查看输出结果最后 1KB
的内容，如图 6-11 所示。

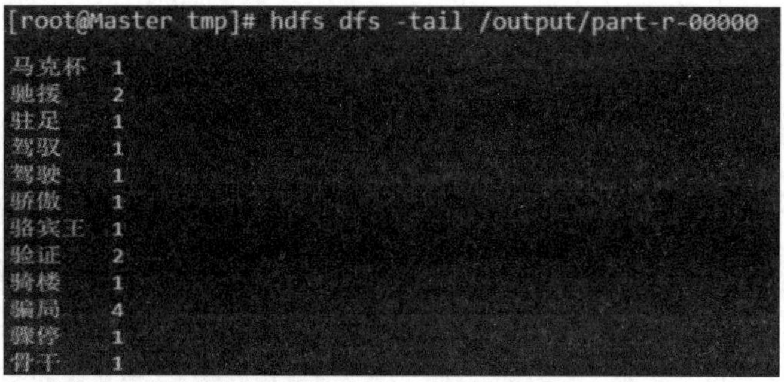

图 6-11　输出最后 1KB 的内容

最后输入命令"hdfs dfs -rm -r /output"删除 HDFS 上的文件夹 output。

2. 高级特性实践

在实现了词频统计项目后，我们继续学习 MapReduce 两个重要的高级特性——合并器和计数器。合并器的功能是对 Map 阶段的输出执行合并操作，以降低在 Map 节点和 Reduce 节点之间的数据传输量，从而提高网络 I/O 性能，这是 MapReduce 的优化策略之一。计数器的功能是对已经处理过的单词进行计数。

（1）修改代码

首先打开 IntelliJ IDEA，创建 WordCount 工程和类 WordCount。然后，在文件 WordCount.java 中输入以下代码。

```java
import java.io.IOException;
import java.util.StringTokenizer;
import org.apache.hadoop.conf.Configuration;
import org.apache.hadoop.fs.Path;
import org.apache.hadoop.io.IntWritable;
import org.apache.hadoop.io.Text;
import org.apache.hadoop.mapreduce.Job;
import org.apache.hadoop.mapreduce.Mapper;
import org.apache.hadoop.mapreduce.Reducer;
import org.apache.hadoop.mapreduce.lib.input.FileInputFormat;
import org.apache.hadoop.mapreduce.lib.output.FileOutputFormat;
import org.apache.hadoop.util.GenericOptionsParser;
public class WordCount {
    public static class TokenizerMapper
            extends Mapper<Object, Text, Text, IntWritable> {
        private final static IntWritable one = new IntWritable(1);
        private Text word = new Text();
        public void map(Object key, Text value, Context context
```

```
          ) throws IOException, InterruptedException {
              StringTokenizer itr = new StringTokenizer(value.toString());
              while (itr.hasMoreTokens()) {
                  word.set(itr.nextToken());
                  context.write(word, one);
              }
          }
      }
      public static class IntSumReducer
              extends Reducer<Text, IntWritable, Text, IntWritable> {
          private IntWritable result = new IntWritable();
          public void reduce(Text key, Iterable<IntWritable> values,
                              Context context
          ) throws IOException, InterruptedException {
              int sum = 0;
              for (IntWritable val : values) {
                  sum += val.get();
              }
              result.set(sum);
              context.write(key, result);
          }
      }
      public static void main(String[] args) throws Exception {
          Configuration conf = new Configuration();
          String[] otherArgs = new GenericOptionsParser(conf, args).getRemainingArgs();
          if (otherArgs.length < 2) {
              System.err.println("Usage: wordcount <in> [<in>...] <out>");
              System.exit(2);
          }
          Job job = new Job(conf, "word count");
          job.setJarByClass(WordCount.class);
          job.setMapperClass(TokenizerMapper.class);
          job.setReducerClass(IntSumReducer.class);
          job.setOutputKeyClass(Text.class);
          job.setOutputValueClass(IntWritable.class);
          for (int i = 0; i < otherArgs.length - 1; ++i) {
              FileInputFormat.addInputPath(job, new Path(otherArgs[i]));
          }
```

```
          FileOutputFormat.setOutputPath(job,
                 new Path(otherArgs[otherArgs.length - 1]));
          System.exit(job.waitForCompletion(true) ? 0 : 1);
     }
}
```

（2）运行程序

依照词频统计项目中所介绍的方法配置运行参数，然后指定作业的输入路径和输出路径，运行程序，得到如图 6-12 所示的控制台输出，在该过程中并未使用合并器。

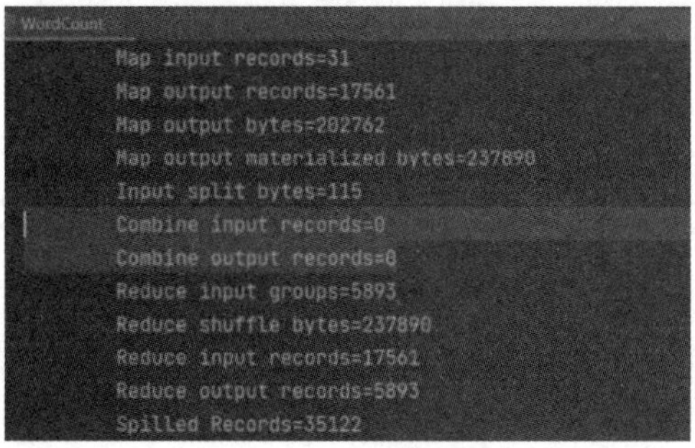

图 6-12　未使用合并器的控制台输出

控制台输出显示"Combine input records=0"和"Combine output records=0"，表示合并记录的输入输出条数都为 0，即并未使用合并器。

为启用合并器，需要在 main()方法中插入一行代码，将合并器设为类 IntSumReducer，代码如下。

```
job.setMapperClass(TokenizerMapper.class);
job.setCombinerClass(IntSumReducer.class);//新插入的代码
job.setReducerClass(IntSumReducer.class);
```

之后删除已存在的文件夹 output，重新运行程序，得到如图 6-13 所示的控制台输出。控制台输出显示"Combine input records=17561"和"Combine output records=5893"，表示合并记录的输入输出条数都大于 0，即启用了合并器。

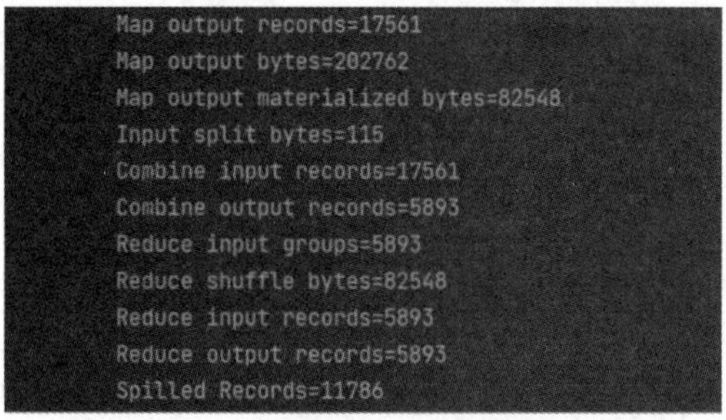

图 6-13　启用合并器后的控制台输出

完成上述步骤后，回到 WordCount.java 文件中，在函数 map()的 while 循环中添加如下代码。

```
context.getCounter("Test", "Total").increment(1L);
```

上述代码表示计数器被定义在名为"Test"的组中，计数器的名称为"Total"，函数 map()每处理一个单词，该计数器的值就会加 1，函数 map()的代码如下。

```
public void map(Object key,Text value,Context context)throws IOException,Inte
rruptedException{
    StringTokenizer itr=new StringTokenizer(value.toString());
    while(itr.hasMoreTokens()){
        context.getCounter("Test","Total").increment(1L);
        word.set(itr.nextToken());
        context.write(word,one);
    }
}
```

最后删除已存在的文件夹 output，运行程序，得到如图 6-14 所示的控制台输出。控制台输出显示"Total=17561"，表示定义的计数器最终值为 17561，即处理了 17561 个单词。

图 6-14　加入计数器后的控制台输出

（3）在集群中运行程序

将项目导出并打包成一个 Jar 文件，之后上传至大数据集群。在本地文件系统中创建一个名为 exclude.txt 的文件，该文件中的每一行都是一个字母，创建该文件的目的是在统计词频时排除以该文件中出现的字母为首字母的单词。输入命令"Echo"命令可以直接在文件中写入内容，命令如下。

```
echo -e "P\x\o" > exclude.txt
```

之后在 WordCount.java 文件中的类 TokenierMapper 的定义中加入函数 setup()，该函数的作用是读取 exclude.txt 文件，并将文件中包含的字母存储到一个哈希集合中。需要注意的是，我们不需要在代码中指定文件在 HDFS 上的路径，因为在输入 YARN 命令时会指定文件路径，此处只需指定文件名即可。还需要在函数 map()的 while 循环中加入条件判断语句，以确保只有当单词首字母不在所创建的哈希集合中时，才会从函数 map()中输出，具体代码如下。

```
import java.io.BufferedReader;
import java.io.File;
```

```java
import java.io.FileReader;
import java.io.IOException;
import java.util.HashSet;
import java.util.Set;
import java.util.StringTokenizer;
import org.apache.hadoop.conf.Configuration;
import org.apache.hadoop.fs.Path;
import org.apache.hadoop.io.IntWritable;
import org.apache.hadoop.io.Text;
import org.apache.hadoop.mapreduce.Job;
import org.apache.hadoop.mapreduce.Mapper;
import org.apache.hadoop.mapreduce.Reducer;
import org.apache.hadoop.mapreduce.lib.input.FileInputFormat;
import org.apache.hadoop.mapreduce.lib.output.FileOutputFormat;
import org.apache.hadoop.util.GenericOptionsParser;
public class WordCount {
    public static class TokenizerMapper
            extends Mapper<Object, Text, Text, IntWritable> {
        private final static IntWritable one = new IntWritable(1);
        private Text word = new Text();
        public final static String EXCLUDE_FILE = "exclude.txt";
        private final Set<String> excludeSet = new HashSet<String>();
        protected void setup(Context context) throws IOException,
                InterruptedException {
            FileReader reader = new FileReader(new File(EXCLUDE_FILE));
            try {
                BufferedReader bufferedReader = new BufferedReader(reader);
                String line;
                while ((line = bufferedReader.readLine()) != null) {
                    excludeSet.add(line);
                }
            } finally {
                reader.close();
            }
        }
        public void map(Object key, Text value, Context context
        ) throws IOException, InterruptedException {
            StringTokenizer itr = new StringTokenizer(value.toString());
```

```
        while (itr.hasMoreTokens()) {
            context.getCounter("Test", "Toatl").increment(1L);
            String token = itr.nextToken();
            if (!excludeSet.contains(token.substring(0, 1))) {
                word.set(token);
                context.write(word, one);
            }
        }
    }
}
public static class IntSumReducer
        extends Reducer<Text, IntWritable, Text, IntWritable> {
    private IntWritable result = new IntWritable();
    public void reduce(Text key, Iterable<IntWritable> values,
                        Context context
    ) throws IOException, InterruptedException {
        int sum = 0;
        for (IntWritable val : values) {
            sum += val.get();
        }
        result.set(sum);
        context.write(key, result);
    }
}
public static void main(String[] args) throws Exception {
    Configuration conf = new Configuration();
    String[] otherArgs = new GenericOptionsParser(conf, args).getRemainingArgs();
    if (otherArgs.length < 2) {
        System.err.println("Usage: wordcount <in> [<in>...] <out>");
        System.exit(2);
    }
    Job job = new Job(conf, "word count");
    job.setJarByClass(WordCount.class);
    job.setMapperClass(TokenizerMapper.class);
    job.setCombinerClass(IntSumReducer.class);
    job.setReducerClass(IntSumReducer.class);
    job.setOutputKeyClass(Text.class);
    job.setOutputValueClass(IntWritable.class);
```

```
        for (int i = 0; i < otherArgs.length - 1; ++i) {
            FileInputFormat.addInputPath(job, new Path(otherArgs[i]));
        }
        FileOutputFormat.setOutputPath(job,
                new Path(otherArgs[otherArgs.length - 1]));
        System.exit(job.waitForCompletion(true) ? 0 : 1);
    }
}
```

之后将程序打包成 Jar 文件，并上传至大数据集群。输入命令"yarn jarWordCount.jar
-files exclude.txt /input /output"即可提示 MapReduce 程序。

如图 6-15 所示，我们可以观察到所有以字母 p、o、x 为首字母的单词均未被包含在输
出结果中。但是每次运行时，第一个进入 Reduce 的单词可能不同，因此输出的结果也可能
有所不同。

图 6-15　部分输出结果

最后输入命令"hdfs dfs -rm -r /output"删除 HDFS 上已存在的文件夹 output。

3. 迭代式应用程序开发

在迭代式 MapReduce 程序中，每一轮迭代的输出都将作为下一轮迭代的输入，由于图
结构的递归性，许多图相关的算法都可以用迭代式 MapReduce 程序实现。本节将通过探讨
基于广度优先搜索（Breadth First Search，BFS）的单源最短路径问题，来阐述迭代式
MapReduce 程序项目的实现。

广度优先搜索是一种图遍历算法，其核心思想是从初始节点出发，遍历该节点的所有
邻居节点，再按规定顺序遍历所有邻居节点的邻居节点，直到图中的所有节点都被遍历，
这种方法在求解 SSSP（Single-Source Shortest Paths，单源最短路径）问题时特别有效。

为了更高效地实现广度优先搜索，可以为每个节点设置颜色属性以标识其访问状态。
节点的颜色可以是白、灰和黑三种颜色，白色表示节点尚未被访问过；灰色表示该节点作
为某个节点的邻居节点被访问过，并且初始节点被指定为灰色；黑色表示该节点已经被用

作根节点，其所有的邻居节点都以该节点为初始节点被访问过。在基于广度优先搜索的单源最短路径问题中，数据的格式被定义为"id<tab>AL|d|c"。具体定义如表 6-1 所示。

表 6-1　基于广度优先搜索的单源最短路径问题数据格式定义

符号	定义
id	节点标识符
<tab>	制表符，用于分隔键值
AL	节点的邻接表，包含邻居节点的标识符，以逗号隔开
d	节点到起始点的距离
c	节点的颜色，取值包括 WHITE、GRAY 和 BLACK，分别表示白色、灰色和黑色

在应用广度优先搜索时，每轮迭代中程序都会遍历所有灰色节点，并以这些节点的距离加 1 作为邻居节点到根节点的距离，同时会将该节点所有非黑色的邻居节点标记为灰色，以指定下轮迭代中需要访问的目标节点。最后程序会将该节点标记为黑色，表示已处理完毕。显然，在 Map 阶段可以并行遍历所有的灰色节点，但该方法存在以下两个问题：

● 如果两个灰色节点相连，那么在并行迭代中，一个节点在被处理时可能会标记为黑色，而当该节点作为邻居节点时会标记为灰色，从而产生矛盾；

● 同一个邻居节点可能从多个不同的节点被遍历，会导致在同一次迭代中计算出不同的距离值。

同一个邻居节点的状态在一次迭代中可能会被多次改变，这是上面两个问题出现的原因。为了解决这些冲突，可以将同一轮迭代中的同一个节点所有可能的状态放在一起，并按以下原则处理：

● 选择所有计算出的距离值中的最小值作为节点的最终距离；

● 选择所有标记颜色中最深的颜色作为该节点的最终颜色。

冲突处理应在 Reduce 阶段完成，在 Reduce 阶段结束后，如果不存在灰色节点，则算法应终止。算法的具体流程如下。

（1）将起始节点标记为灰色，距离值设为 0。

（2）在 Map 阶段，每一个节点分两种情况。若节点为白色或黑色，则直接输出节点信息（以节点标识符为键，其他信息为值）。若该节点为灰色，则输出该节点所有邻居节点的信息（以邻居节点的标识符为键，邻接表设为空，距离设为灰色节点距离加 1，颜色设为灰色，除标识符以外的信息都封装为值），同时将该灰色节点的颜色设为黑色。

（3）在 Reduce 阶段，需要对每个节点标识符进行处理，为处理冲突，需要遍历所有以该节点标识符为键的键值对，选择所有标记颜色中最深的颜色作为节点的颜色，同时选择计算出的最短距离作为节点的距离，存在邻接表时需附上邻接表，最后输出该节点信息，此外还需要对灰色节点的数量进行统计。

（4）若步骤（3）中不再存在灰色节点，则结束迭代，否则跳转进行下一次迭代。以图 6-16 所示的初始状态为例，标识符为 1 的节点为起始节点开始迭代。

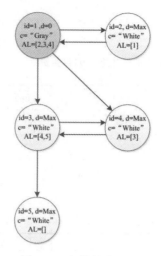

图 6-16　初始状态

第一次迭代的输入文件如下，其中 Integer.MAX_VALUE 表示无穷大。

①2,3,4|0|GRAY

②1|Integer.MAX_VALUE|WHITE

③4,5|Integer.MAX_VALUE|WHITE

④3|Integer.MAX_VALUE|WHITE

⑤|Integer.MAX_VALUE|WHITE

第一次迭代后，节点 1 的邻居节点 2、3 和 4 都变为灰色，距离值为 1，节点 1 变黑色，如图 6-17 所示。

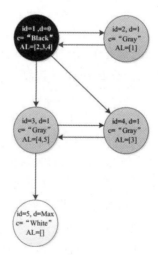

图 6-17　第一次迭代后

第一次迭代的输出文件，即第二次迭代的输入文件如下。

①2,3,4|0|BLACK

②1|1|GRAY

③4,5|1|GRAY

④3|1|GRAY

⑤|Integer.MAX_VALUE|WHITE

第二次迭代后，节点 3 的邻居节点 5 变为灰色，且距离值变为 2，节点 2、3 和 4 变为黑色，如图 6-18 所示。

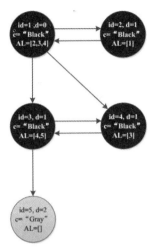

图 6-18　第二次迭代后

第二次迭代的输出文件，即第三次迭代的输入文件如下。

①2,3,4|0|BLACK

②1|1|BLACK

③4,5|1|BLACK

④3|1|BLACK

⑤|2|GRAY

第三次迭代后，节点 5 变为黑色，如图 6-19 所示。

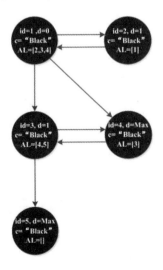

图 6-19　第三次迭代后

第三次迭代的输出文件如下。

①2,3,4|0|BLACK

②1|1|BLACK

③4,5|1|BLACK

④3|1|BLACK

⑤|2|BLACK

此时由于没有任何灰色节点，因此迭代结束。

在了解了算法的具体流程后，下面我们开始编写广度优先搜索算法 Map 阶段的代码。

我们将通过编写 MapReduce 程序实现广度优先搜索算法的迭代开发项目。首先，在 IDEA 开发环境中创建 SSSP 工程、包 lab 和类 SearchMapper，并在 SearchMapper.java 文件中输入如下代码。

```java
package lab;
import java.io.IOException;
import java.util.ArrayList;
import java.util.List;
import org.apache.hadoop.io.Text;
import org.apache.hadoop.mapreduce.Mapper;
public class SearchMapper extends Mapper<Object, Text, Text, Text> {
    public static enum Color {
        WHITE, GRAY, BLACK
    }
    public void map(Object key, Text value, Context context)
            throws IOException, InterruptedException {
        String[] inputLine = value.toString().split("\t");
        String id = inputLine[0];
        String[] tokens = inputLine[1].split("\\|");
        List<String> edges = new ArrayList<String>();
        for (String s : tokens[0].split(",")) {
            if (s.length() > 0) {
                edges.add(s);
            }
        }
        int distance;
        if (tokens[1].equals("Integer.MAX_VALUE"))
            distance = Integer.MAX_VALUE;
        else
            distance = Integer.parseInt(tokens[1]);
        Color color = Color.valueOf(tokens[2]);
```

```
        if (color == Color.GRAY) {
                for (String neighbor : edges)
                        context.write(new Text(neighbor), nodeToString(new
  ArrayList<String>(), Color.GRAY, distance + 1));
                color = Color.BLACK;
        }
        context.write(new Text(id), nodeToString(edges, color, distance));
    }
    public static Text nodeToString(List<String> edges, Color color, int distance) {
        StringBuffer s = new StringBuffer();
        for (String v : edges)
                s.append(v).append(",");
        s.append("|");
        if (distance < Integer.MAX_VALUE) {
                s.append(distance).append("|");
        } else {
                s.append("Integer.MAX_VALUE").append("|");
        }
        s.append(color.toString()).append("|");
        return new Text(s.toString());
    }
  }
```

　　在上述代码中，我们先定义了枚举类型 Color，用于表示节点颜色。函数 map() 的输入键默认为行号，输入值为文本字符串，将其按制表符分隔为节点标识符和节点信息。之后将节点信息按照竖线分隔成邻接表、距离和颜色，并将邻接表按逗号分隔存储在一个数组变量中。对于灰色节点，需要遍历该节点邻接表的数组变量，调整属性，并输出节点信息，然后将原灰色节点标记为黑色。最后，调用函数 context.write() 输出所有节点的信息。上述代码还定义了工具函数 nodeToString()，用于将节点信息转化为字符串。

　　完成上述步骤后，我们继续编写广度优先搜索算法 Reduce 阶段的代码

　　首先在 lab 包下创建类 SearchReducer，并在 SearchReducer.java 文件中输入如下代码。

```
import java.io.IOException;
import java.util.ArrayList;
import java.util.List;
import org.apache.hadoop.io.Text;
import org.apache.hadoop.mapreduce.Reducer;
import lab.SearchMapper.Color;
public class SearchReducer extends Reducer<Text, Text, Text, Text> {
    static enum MoreIterations {
```

```
                numberOfIterations
    }
    public void reduce(Text key, Iterable<Text> values, Context context)
            throws IOException, InterruptedException {
        int outDistance = Integer.MAX_VALUE;
        Color outColor = Color.WHITE;
        List<String> outEdgeList = new ArrayList<String>();
        for (Text value : values) {
            String contents = value.toString();
            String[] tokens = contents.split("\\|");
            Color color = Color.valueOf(tokens[2]);
            List<String> edges = new ArrayList<String>(); // list of edges
            // setting the edges of the node
            for (String s : tokens[0].split(",")) {
                if (s.length() > 0) {
                    edges.add(s);
                }
            }
            if (edges.size() > 0)
                outEdgeList = edges;
            int distance;
            if (tokens[1].equals("Integer.MAX_VALUE"))
                distance = Integer.MAX_VALUE;
            else
                distance = Integer.parseInt(tokens[1]);
            if (distance < outDistance)
                outDistance = distance;
            if (color.ordinal() > outColor.ordinal())
                outColor = color;
        }
        context.write(key, SearchMapper.nodeToString(outEdgeList,outColor,
outDistance));
        if (outColor == Color.GRAY)
        context.getCounter(MoreIterations.numberOfIterations).increment(1L);
    }
}
```

上述代码先定义了灰色节点计数器的枚举类型。之后初始化输出邻接表、输出距离和输出颜色变量，并分别设为空、最大整数和白色。然后遍历节点对应的节点信息，只要输入邻接表非空，则将输出邻接表变量更新为输入邻接表；只要输入距离小于输出距离变量，则将输出距离变量更新为输入距离；只要输入颜色比输出颜色深，则将输出颜色变量更新为输入颜色。然后将所有的输出变量封装为节点信息并输出。最后，只要输出颜色为灰色，则将计数器增加 1，同时调用函数 context.getCounter()返回计数器对象，并调用函数 increment()增加计数器的值。

完成上述步骤后，需要编写作业驱动代码。

在开发环境中创建类 SSSPJob，输入如下代码。

```java
import org.apache.hadoop.conf.Configuration;
import org.apache.hadoop.fs.Path;
import org.apache.hadoop.io.Text;
import org.apache.hadoop.mapreduce.Counters;
import org.apache.hadoop.mapreduce.Job;
import org.apache.hadoop.mapreduce.lib.input.FileInputFormat;
import org.apache.hadoop.mapreduce.lib.output.FileOutputFormat;
import lab.SearchReducer.MoreIterations;
public class SSSPJob {
    public static void main(String args[]) {
        if (args.length != 2) {
            System.err.println("Usage: <in> <output name> ");
            System.exit(-1);
        }
        try {
            int iterationCount = 0;
            long terminationValue = 1;
            while (terminationValue > 0) {
                Job job = new Job(new Configuration(), "ssspjob");
                job.setJarByClass(SSSPJob.class);
                job.setMapperClass(SearchMapper.class);
                job.setReducerClass(SearchReducer.class);
                job.setMapOutputKeyClass(Text.class);
                job.setMapOutputValueClass(Text.class);
                String input, output;
                if (iterationCount == 0)
                    input = args[0];
                else
                    input = args[1] + iterationCount;
                output = args[1] + (iterationCount + 1);
                FileInputFormat.setInputPaths(job, new Path(input));
```

```
                    FileOutputFormat.setOutputPath(job, new Path(output));
                    job.waitForCompletion(true);
                    Counters jobCntrs = job.getCounters();
                    terminationValue =
jobCntrs.findCounter(MoreIterations.numberOfIterations).getValue();
                    iterationCount++;
                }
            } catch (Exception e) {
                e.printStackTrace();
            }
        }
}
```

在上述代码中，首先我们建立了一个 Job 对象，并生成一个 Configuration 对象作为作业的配置，同进命名作业。之后又调用一系列 setX()函数分别设置程序包、Mapper、Combiner、Reducer 以及输出键和输出值的类型。最后获取灰色节点计数器，若计数器的值大于 1，则表明还存在灰色节点，需要进行下一次迭代。

为了对开发的程序进行测试，需要在 src 目录下新建一个 input 文件夹，并在 input 文件夹下新建 graph.txt 文件，输入以下内容（注意需要将第一列节点标识符后的连续空格替换为制表符）。

```
1    2,3,4|0|GRAY
2    1|Integer.MAX_VALUE|WHITE
3    4,5|Integer.MAX_VALUE|WHITE
4    3|Integer.MAX_VALUE|WHITE
5    |Integer.MAX_VALUE|WHITE
```

之后配置运行参数，指定作业的输入和输出路径分别为 src/input 和 src/output。在 IntelliJ IDEA 中运行程序，可以得到三个阶段的 Map 和 Reduce。再分别打开 output1/part-r-00000、output2/part-r-00000 和 output3/part-r-00000，与原始数据对比可以验证输出结果的一致性，如图 6-20 至图 6-23 所示。

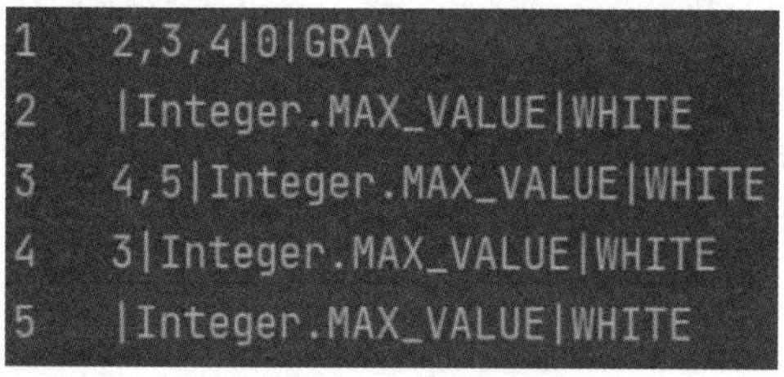

```
1    2,3,4|0|GRAY
2    |Integer.MAX_VALUE|WHITE
3    4,5|Integer.MAX_VALUE|WHITE
4    3|Integer.MAX_VALUE|WHITE
5    |Integer.MAX_VALUE|WHITE
```

图 6-20　原始数据

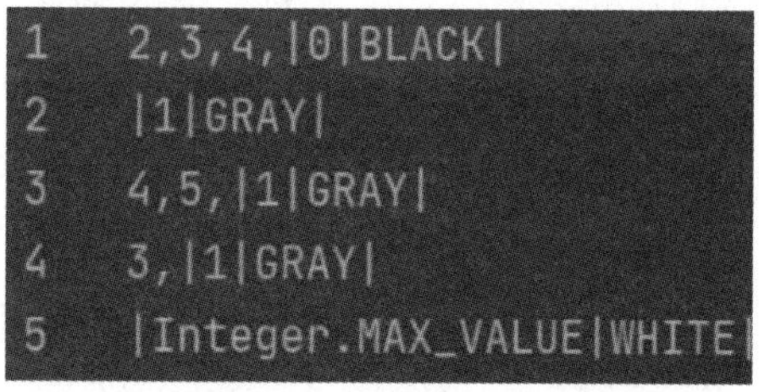

```
1    2,3,4,|0|BLACK|
2    |1|GRAY|
3    4,5,|1|GRAY|
4    3,|1|GRAY|
5    |Integer.MAX_VALUE|WHITE|
```

图 6-21　第 1 次迭代的结果

```
1    2,3,4,|0|BLACK|
2    |1|BLACK|
3    4,5,|1|BLACK|
4    3,|1|BLACK|
5    |2|GRAY|
```

图 6-22　第 2 次迭代的结果

```
1    2,3,4,|0|BLACK|
2    |1|BLACK|
3    4,5,|1|BLACK|
4    3,|1|BLACK|
5    |2|BLACK|
```

图 6-23　第 3 次迭代的结果

下面将程序打包成 Jar 文件 sssp.jar，并上传到大数据集群。同时还需要将 graph.txt 文件与 input 文件夹上传到集群中，并输入"hdfs dfs-put input /input"命令将 input 文件夹上传到 HDFS 中。之后输入命令"yarn jar SSSP.jar /input /output"提交 MapReduce 程序。

然后输入命令"hdfs dfs -tail/output3/part-r-00000"即可查看输出结果最后 1KB 内容，如图 6-24 所示。

```
[root@Master tmp]# hdfs dfs -tail /output3/part-r-00000
1       2,3,4,|0|BLACK|
2       |1|BLACK|
3       4,5,|1|BLACK|
4       3,|1|BLACK|
5       |2|BLACK|
```

图 6-24　查看输出结果最后 1KB 的内容

完成上述步骤后，输入命令"hdfs dfs -cat /output*/part-r-00000"能够查看 HDFS 上生成的三个文件，如图 6-25 所示。

```
[root@Master tmp]# hdfs dfs -cat /output*/part-r-00000
1       2,3,4,|0|BLACK|
2       |1|GRAY|
3       4,5,|1|GRAY|
4       3,|1|GRAY|
5       |Integer.MAX_VALUE|WHITE|
1       2,3,4,|0|BLACK|
2       |1|BLACK|
3       4,5,|1|BLACK|
4       3,|1|BLACK|
5       |2|GRAY|
1       2,3,4,|0|BLACK|
2       |1|BLACK|
3       4,5,|1|BLACK|
4       3,|1|BLACK|
5       |2|BLACK|
```

图 6-25　查看生成的三个文件

最后输入命令"hdfs dfs -rm -r /output*"删除 HDFS 上已存在的文件夹 output。

6.1.4　小结

本节介绍了 MapReduce 的核心思想、原理详解和高级特性。

MapReduce 是 Hadoop 的一种离线计算框架，名称来自该模型最重要的两个函数——map()和 reduce()，主要进行离线批处理操作，是 Hadoop 面向大数据并行处理的计算模型、框架和平台。

6.1.5　课后习题

（1）如何理解合并器？

（2）MapReduce 是面向大数据并行处理的计算模型、框架和平台，简要说明它隐含的 3 层含义。

（3）MapReduce 不只是一个编程模型，还是一个程序执行框架，简述 MapReduce 程序的基本流程。

（4）MapReduce 框架提供了一系列内置计数器，具体包括哪几类？

（5）按照 6.1.2 节和 6.1.3 节的相关内容，在自己的计算机上进行 MapReduce 的安装与配置，并完成实践操作。

6.2　Spark

在 Hadoop 2.0 推出之后，虽然 YARN 很好地解决了任务的并行性和容错问题，但是由于 MapReduce 框架并没有很好地使用分布式内存，因此每个 Map/Reduce 任务仍需要读写磁盘，这导致 MapReduce 在某些需要重用中间结果的应用中效率较低。由于内存的读写速度远远高于磁盘，因此理想的情况下，如果将数据放入内存，那么大部分的任务都能在很短的时间内完成。加利福尼亚大学伯克利分校的 AMP Lab 由此提出了一种新的内存编程开源模型——Spark。

相对于离线计算，实时计算对时效性的要求非常高，要求计算频率达到秒级，对输入的数据进行实时处理。基于内存的 Spark 计算速度远超于基于磁盘的 Hadoop 的 MapReduce 框架。Spark 具有可伸缩、基于内存计算等特点，可直接读写 Hadoop 上任何格式的数据，能够较好地满足数据即时查询和迭代分析的需求。

6.2.1　Spark 介绍

Spark 是专为大规模数据处理而设计的快速通用的计算引擎，它继承了 MapReduce 框架的优点。由于 Spark 能够将作业的中间输出结果保存在内存中，不再需要读写 HDFS，因此 Spark 非常适用于数据挖掘与机器学习等需要迭代的算法。

Spark 是用 Scala 语言实现的。尽管创建 Spark 的初衷是为了支持分布式数据集上的迭代任务，但是实际上它是对 Hadoop 的补充，可以使用 HDFS 作为 Spark 的文件系统，兼具高效性、易用性、无缝性和全面性。

1. 基本架构

如图 6-26 所示，Spark 集群由驱动器（Driver Program）集群管理器（Cluster Manager）、工作节点（Worker）和执行器（Executor）构成。在 Spark 中，作业（Job）首先被提交到驱动器，向集群管理器请求资源，并启动对应的执行器，随后拆分为任务（Task），提交到执行器进行计算，最终将结果返回驱动器（或写入到 HDFS，数据库中）。在使用 Spark 及其 API 时，需要构建基本的运行环境，即创建 SparkContext，它是 Spark 功能的主要入口，用于在集群中创建 RDD 和广播变量。每创建一个新的 SparkContext 就相当于创建了一个新的 Spark 应用。

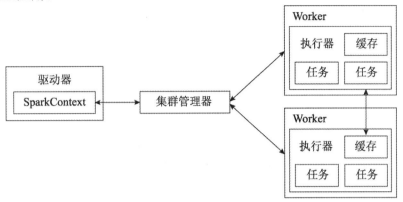

图 6-26　Spark 的基本架构

Spark 比 Hadoop 的 MapReduce 框架的计算速度快的原因如下。

一是每个应用都有自己专属的执行器进程，而执行器采用多线程的方式执行任务，大大减少了多进程任务频繁的启动开销。相比之下，MapReduce 的应用程序由多个独立的任务进程组成，虽然可以更加细粒度地控制每个任务的资源占用，但较多的启动时间使 MapReduce 并不适合用于低延迟类的作业。

二是执行器上配备了数据块管理器存储模块，在进行多轮迭代时，可以将中间结果数据先存储在内存上，中间结果大部分无需落盘（需要注意的是，如果计算过程中涉及数据交换，Spark 也会将数据写入磁盘），下次需要时可以直接读取数据块管理器中的数据，而不需要再读写 HDFS 等文件系统，这样能够避免频繁访问文件系统，提高读写性能。

Spark 的模块及说明如表 6-2 所示。

表 6-2　Spark 的模块及说明

模块名称	说明
Driver Program	Spark 在运行时包含 Driver 进程，负责应用程序的解析，并将 Task 调度到 Executor 上
Cluster Manager（集群管理器）	包括 Spark 自带的集群管理器、Mesos（一个通用的集群管理器，用于对集群中的资源进行弹性管理）或 YARN
Executor	执行应用程序，每个 Executor 可以执行一个或多个 Task
Master Node	集群的主节点，负责接收客户端提交的任务
Work Node	负责运行集群中的 Spark，管理本节点的资源
SparkContext	面向用户的 Spark API，控制 Spark，负责分布式任务的执行和调度
Task	承载业务逻辑的运算单元，是 Spark 平台中可执行的最小工作单元，可根据执行计划以及计算量将一个应用程序分为多个 Task
Cache	分布式缓存，可将每个 Task 的结果保存在 Cache 中，供后续的 Task 读取

在 Spark 中，RDD 可以理解为分布式对象集合，数据集以 RDD 的形式存储，会被划分为不同的分区，每个分区都是数据集唯一的组成部分，分布在不同的节点上。如果使用 Python 语言创建 RDD，可以调用函数 sc.parallelize()将列表形式的数据转化为 RDD 对象，并指定分区的数量。

2. 生态体系

Spark 的核心引擎是快速且通用的，而且为各种不同的场景专门设计了高级组件。各个组件之间联系紧密，软件栈中所有的程序库和高级组件都能从下层的改进中获益，同时，运行整个软件栈的代价较小，而且可以构建出能够无缝整合不同处理模型的应用程序。

Spark 的生态体系如图 6-27 所示。Spark 以计算层 Spark Core 为核心，从存储层（HDFS、Amazon S3 和 HBase 等）读取数据，通过 YARN、Mesos 和自带的资源管理器进行作业调度，最终完成 Spark 计算。

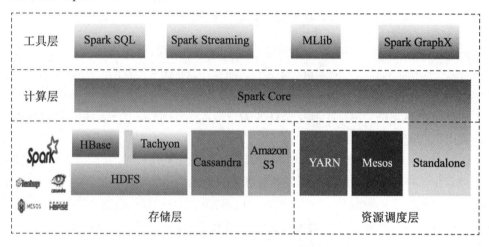

图 6-27　Spark 的生态体系

Spark 提供多种高级工具，例如：Spark SQL 可用于即席查询（用户根据自己的需求，灵活选择查询条件，系统根据用户的选择生成相应的统计结果）；Spark Streaming 可应用于流式计算；MLlib 可进行机器学习；Spark GraphX 可应用于图处理。

下面分别介绍各个组件。

● Spark Core：实现了 Spark 的基本功能，如任务调度、内存管理、错误恢复以及存储系统交互等。Spark Core 还包含对 RDD 的 API 定义。RDD 是分布式内存的一个抽象概念，提供了一种高度受限的共享内存模型，是 Spark 主要的编程对象。Spark Core 还提供了多个版本的 API（包括 Jave，Scala，Python 等语言的 API）可以使用户方便地创建和操作 RDD。

● Spark Streaming：是一个用于对实时数据进行高通量、容错处理的流式处理系统，适用于处理 Web 服务器日志、社交媒体数据和各种消息队列中的实时数据等。在引擎内部，Spark Streaming 首先会接收输入的数据流，然后将数据进行切分，形成数据片段，最后交由 SparkCore 处理，生成最终的结果流。Spark Streaming 的 API 与 Spark Core 紧密结合，便于开发人员进行批处理和流处理。

- Spark SQL：在 Spark SQL 发明之前，加利福尼亚大学伯克利分校的研究人员曾经尝试修改 Hive 使其运行在 Spark 上，称为 Shark。Shark 复用了 Hive 中的很多组件，但将具体的作业类型由 MapReduce 作业替换为了 Spark 作业。随着 Spark 的不断发展，Shark 已经被 SparkSQL 取代。SparkSQL 在 Shark 的基础上进行了重构和优化，提供了更为强大和灵活的功能。与 Shark 相比，SparkSQL 更加集成于 Spark 生态系统，提供了 DataFrame 和 DataSet 等编程抽象，使得用户可以更加方便地处理结构化数据。

  其中，Catalyst 查询优化器是 Spark SQL 的核心，可基于规则或代价来优化查询，而且允许 Spark SQL 自动修改查询方案，从而更有效地提高查询性能。

- MLlib：是 Spark 的机器学习库，提供了多种机器学习算法和工具，包括分类、回归、决策树、聚类等，还提供了模型评估、数据导入等额外的功能。此外，MLlib 还提供了一些更底层的机器学习原语，包括通用的梯度下降优化方法等。

- Spark GraphX：基于 BSP 模型，在 Spark 之上封装了类似函数 Pregel() 的接口，用于进行大规模同步图计算，尤其是在用户进行多轮迭代时，Spark 内存计算的优势尤为明显。

  Spark GraphX 的核心是弹性分布式属性图，这是一种点和边都带属性的有向多重图。Spark GraphX 扩展了 RDD，操作灵活且执行效率高。

3. Spark 与 MapReduce 框架

MapReduce 框架和 Spark 能够处理许多相同的任务，但是在某些方面存在差异。例如，Spark 没有文件管理功能，因而必须依赖 HDFS 或其他解决方案。

在计算方面，MapReduce 框架和 Spark 最主要的区别在于，MapReduce 框架使用的是持久化存储，而 Spark 则使用 RDD。

接下来将从 8 个方面对比 Spark 和 MapReduce 框架。

（1）性能

由于 Spark 在内存中处理数据，同时还可以在磁盘上处理未全部加载到内存中的数据，因此 Spark 的运行速度非常快。Spark 的内存处理功能能够为多个来源的数据提供近乎实时分析的服务。

MapReduce 框架主要面向批量处理，设计初衷是不断收集来自网站的信息，不需要考虑对数据进行实时性或者近乎实时性的分析。

（2）易用性

Spark 不仅支持 Scala、Java 和 Python 等编程语言，而且提供了交互模式。开发人员和用户可以通过交互模式获得查询和其他操作的即时反馈。

MapReduce 框架虽然没有提供自带的交互模式，但是通过 Hive 和 Pig 等附加工具，也可以使用户更易于使用。

（3）兼容性

MapReduce 框架和 Spark 在兼容性方面都非常出色。它们都兼容诸多数据源、文件格式和商业智能工具。

（4）可扩展性

MapReduce 框架和 Spark 都可以通过 HDFS 分布式文件系统来实现近乎无限的扩展。但是，随着数据量的增多，为满足吞吐量的需求，集群规模也随之增加。

（5）数据处理

MapReduce 框架是一种基于磁盘的批处理引擎，按顺序进行操作。MapReduce 框架首先从分布式文件系统中获取数据，然后对数据执行相应操作并将中间结果写回磁盘，再读取更新后的数据，不断循环，以此类推。

Spark 也能执行类似的操作，不同之处在于它是在内存中并行处理数据的。

（6）容错

MapReduce 框架和 Spark 分别用不同的方式解决了容错方面的问题。

MapReduce 框架使用 TaskTracker 节点向 JobTracker 节点发送心跳信号，若某个 TaskTracker 没有发送心跳信号，那么 JobTracker 节点会将任务交给另一个 TaskTracker 节点，并重新调度所有将执行和正在进行的操作。这种方法在提供容错性方面很有效，但是会延长某些操作的完成时间。

Spark 则使用 Lineage 机制以粗颗粒度的方式记录 RDD 的转换操作（如 filter、map、join 等操作）。当此 RDD 的分区数据丢失时，Spark 可以通过 Lineage 机制获得足够的信息，以重新运算的方式恢复丢失的数据分区。

（7）安全

HDFS 支持传统的文件权限模式和访问控制列表。为确保用户能够拥有正确的权限，Hadoop 提供了服务级授权，允许提交任务的用户控制授权。

Spark 支持通过共享密钥（密码验证）进行身份验证，安全性相对较弱，但好处是用户在 YARN 上运行时能够使用 Kerberos 身份验证。此外，在 HDFS 上运行 Spark 时，可以使用 HDFS 的文件权限模式和访问控制列表。

（8）成本

Spark 可以处理 TB 级别的数据。在对 100TB 数据进行排序时，相对于 MapReduce 框架，Spark 不仅需要的机器数量更少，而且处理速度更快。

6.2.2　RDD

RDD 是 Spark 中最基本的数据抽象，代表一个不可变、可分区、所有元素可并行计算的集合。我们可以将 RDD 理解为一个分布式对象集合，其中每个 RDD 都可以划分为多个分区，每个分区都是一个数据集片段。在 Spark 中，所有的计算都依赖 RDD。

如图 6-28 所示，一个 RDD 的不同分区可以保存在集群的不同节点上，从而在集群中的不同节点实现并行计算。

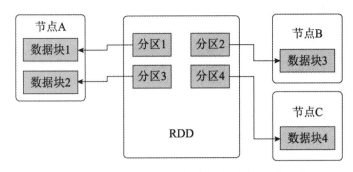

图 6-28 RDD 的不同分区保存在集群的不同节点上

1. 特征

RDD 具有自动容错、可伸缩和位置感知性调度等数据流模型的特点。在进行多个查询时，RDD 允许用户将工作集缓存在内存中，之后的查询能够重用缓存的工作集，从而加快查询速度。

RDD 有 5 个特征，其中分区、函数和依赖是 3 个基本特征。

- 分区（Partitioned）：将数据切分为多个分区。对 RDD 来说，每个分区都会被一个计算任务处理，该计算任务还会决定并行计算的粒度。
- 函数（Function）：Spark 以分区为计算单位，计算函数能够对每个分区进行计算。
- 依赖（Dependency）：RDD 的每次转换操作都会形成新的 RDD，而各个 RDD 之间会形成前后依赖的关系。如果某个分区数据丢失，那么 Spark 会通过依赖关系重新计算丢失的数据，而无须重新计算所有分区的数据。
- 优先计算位置（Preferred Location）：在进行任务调度时，为任务分配最佳的执行位置，以便最小化数据传输的开销并提高计算效率。Spark 会根据数据的存储位置和集群的节点分布，为每个任务计算出一组优先位置，然后尽量将任务调度到这些位置上执行。
- 分区策略（Partitioning Strategy）：在 Spark 中，分区策略是指将数据划分为多个分区，并在集群中的不同节点上并行处理这些分区的策略。Spark 提供了多种内置的分区器，如 HashPartitioner、RangePartitioner 等，用户还可以根据具体需求自定义分区器。

2. 转换操作

RDD 的应用逻辑是通过一系列转换（transformation）操作和执行（action）操作来表达的。转换操作是在现有 RDD 的基础上创建新的 RDD 并返回，属于数据集的逻辑操作，并没有真正计算。为让 Spark 更加高效地运行，所有的转换操作都是惰性的，即应用到数据集上的转换操作不会立即执行，只有在执行操作发生后，要求返回结果给驱动应用时才会真正进行计算，如图 6-29 所示。

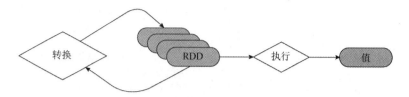

图 6-29   转换操作与执行操作

常用的转换操作及描述如表 6-3 所示，表中的 func 表示由用户定义的函数。

表 6-3   常用的转换操作及描述

转换操作	描述
map(func)	对 RDD 中的每个元素执行指定的 func 函数，并返回一个新的 RDD，其中包含原始 RDD 中每个元素应用 func 函数后的结果
filter(func)	从 RDD 中筛选出满足特定条件（即经过 func 函数处理，输出为 True）的元素，并返回新的 RDD
flatMap(func)	将 func 函数应用到 RDD 中的每个元素上，然后将结果展平，合并成一个新的 RDD
mapPartitions(func)	对 RDD 中的每个分区应用 func 函数
mapPartitionsWithIndex(func)	对 RDD 的每个分区应用 func 函数时，不仅可以获得分区内数据的迭代器，还可以获得当前分区的索引（从 0 开始的序号）
sample(withReplacement,fraction,seed)	从 RDD 中随机抽样元素，生成一个新的 RDD 作为结果。参数 withReplacement 表示抽样时是否允许重复；参数 fraction 表示要从原始 RDD 中抽取元素的比例；参数 seed 表示随机数生成器的种子值
union(otherDataset)	将两个RDD合并为一个新的RDD，且不去除重复的元素
intersection(otherDataset)	计算两个RDD的交集，并返回新的RDD
distinct([numTasks])	去除RDD中重复的元素，并返回新的RDD
pipe(command,[envVars])	将RDD中每个分区的数据通过管道传输到外部程序或脚本进行处理，并返回处理后的结果作为新的RDD。其中，参数command表示要执行的外部命令或脚本的路径；参数envVars表示一个包含环境变量的字典，这些环境变量将被设置在执行外部命令或脚本的进程中
cartesian(otherDataset)	计算两个 RDD 的笛卡儿积，并返回新的 RDD
coalesce(numPartitions)	减少RDD的分区数，参数numPartitions表示预期得到的分区数
repartition(numPartitions)	改变RDD的分区数，参数numPartitions表示新RDD 应该具有的分区数

在转换操作中经常会用到键值对类型的 RDD，以完成聚合计算。普通 RDD 存储的数据类型是整型、字符串等，而键值对类型 RDD 存储的是键值对。

常用的键值转换操作及描述如表 6-4 所示。

表 6-4　常用的键值转换操作及描述

键值转换操作	描述
groupByKey([numTasks])	将键值对RDD中的元素按照键（Key）进行分组。每个键对应的所有值都会被收集到一个迭代器（Iterator）中，形成一个新的键值对
reduceByKey(func,[numTasks])	对键值对RDD中的元素按键（Key）进行归约。参数func 是一个二元函数，用于定义如何归约两个具有相同键的值；参数numTasks 是可选的，用于指定执行归约操作的任务数
sortByKey([ascending],[numTasks])	对键值对RDD按键（Key）进行排序，默认按照升序排序
join(otherDataset,[numTasks])	将两个键值对RDD按照键（Key）进行连接，并返回一个新的RDD
cogroup(otherDataset,[numTasks])	将两个键值对RDD按照键（Key）进行协同分组

3. 执行操作

执行操作会实际触发 Spark 计算，对 RDD 进行计算，并将结果存储到内存或 HDFS。常用的执行操作及描述如表 6-5 所示。

表 6-5　常用的执行操作及描述

执行操作	描述
reduce(func)	使用指定的二元函数 func 对 RDD 中的所有元素进行归约，最终得到一个单一的结果
collect()	将RDD中的所有元素收集到驱动程序，并以数组的形式返回
count()	计算并返回RDD的元素个数
first()	返回RDD的第一个元素
take(n)	从RDD中取出前n个元素，并将这些元素以数组的形式返回给驱动程序
takeSample(withReplacement,num,[seed])	从 RDD 中随机抽取指定数量的样本元素，参数 withReplacement 表示抽样时是否允许重复；参数 num 表示要抽取的样本数量；参数 seed 表示随机数生成器的种子值
countByKey()	计算 RDD 中每个键（Key）对应的元素数量
foreach(func)	对RDD中的每个元素执行func函数，foreach操作主要用于执行一些副作用操作，比如打印元素、将数据写入外部存储系统等
takeOrdered(n,[ordering])	从RDD中取出前n个按指定顺序排序的元素。参数n表示要获取的元素数量；可选参数ordering用于指定排序的顺序

进行数据存储的常用执行操作及描述如表 6-6 所示。这些操作会将结果以文本文件、

序列化文件、对象文件的形式持久化到存储设备。

表 6-6　进行数据存储的常用执行操作及描述

执行操作	描述
saveAsTextFile(path)	将RDD中的元素以文本文件的形式保存到指定的文件系统中。参数path表示保存文件的路径（本地文件系统的路径或分布式文件系统的路径）
saveAsSequenceFile(path)	将RDD以SequenceFil的文件格式保存到指定路径
saveAsObjectFile(path)	将RDD中的元素以序列化对象的形式保存到指定的路径下

4. 控制操作

作为最常用的控制操作，数据持久化是指在不同的转换操作之间，将 RDD 的数据缓存到内存或磁盘中，以便在后续的计算中重复使用。例如，若需要多次访问一个 RDD，那么可以调用函数 cache()将其缓存到内存中，这样可以节省读写磁盘的开销。

函数 cache()是函数 persist()的一个特例。函数 persist()通过 StorageLevel 对象设置存储等级，而函数 cache()则使用默认的存储等级（MEMORY_ONLY）。

表 6-7 展示了存储等级及说明。

表 6-7　存储等级及说明

存储等级	说明
MEMORY_ONLY	默认的存储等级，将RDD存储为JVM中的反序列化Java对象。如果内存不足，那么部分分区不会被缓存，并且在每次需要这些分区时都会被动态地重新计算
MEMORY_AND_DISK	将RDD存储为JVM中的反序列化Java对象。如果内存不足，就会将未被缓存的分区存储到磁盘
MEMORY_ONLY_SER	将RDD存储为序列化的Java对象，比反序列化Java对象更节省空间，但会增加CPU读取的负担
MEMORY_AND_DISK_SER	类似于MEMORY_ONLY_SER，但是溢出的分区会被写到磁盘，而不是在每次需要时动态地重新计算
DISK_ONLY	只在磁盘上缓存RDD，适用于内存资源非常有限的情况，但数据访问速度可能较慢
MEMORY_ONLY_2、MEMORY_AND_DISK_2	与MEMORY_ONLY、MEMORY_AND_DISK类似，只是将每一个分区都复制到两个集群节点上

由于缓存太多的 RDD 会导致内存不足，因此，当缓存新的 RDD 时，系统会优先将没有被访问过时间最长的 RDD 从内存中删除。可以通过 RDD 的 is_cached 属性查看缓存状态。如果某个 RDD 不再需要访问，可以调用函数 unpersist()将其移出缓存。

6.2.3　安装与配置

Spark 提供了如下多种安装模式。

● 本地模式：仅在一台计算机上安装、运行 Spark。

● 基于 Standalone 的集群模式：该模式采用 Spark 自带的集群管理器，不采用第三方提供的集群管理器（比如 YARN 或 Mesos）。

● 基于 YARN 的集群模式：该模式使用 Hadoop 2.0 以上版本中的 YARN 充当集群管理器。

● 基于 Mesos 的集群模式：该模式使用 Mesos 充当集群管理器。

1. Spark 的安装与配置

这里以基于 YARN 的集群模式为例进行 Spark 的安装与配置。读者可以在 Spark 官网中下载对应版本，并将其传到已经创建的 Master。本书选择的版本是 spark-2.4.0-bin-hadoop2.7.tgz，具体步骤如下。

1）将 Spark 安装包解压到/usr 目录下，命令如下。

```
tar -zxvf spark-2.4.0-bin-hadoop2.7.tgz -C /usr
```

2）修改/etc 目录下的 profile，在环境变量中增加如下内容。修改完成后，输入命令"source profile"使修改生效。

```
export SPARK_HOME=spark-2.4.0-bin-hadoop2.7
export PATH=$SPARK_HOME/bin:$PATH
```

3）复制/usr/spark-2.4.0-bin-hadoop2.7/conf 目录下的 spark-env.sh 模板，并将复制的文件命名为 spark-env.sh，命令如下。

```
cp spark-env.sh.template spark-env.sh
```

4）在 spark-env.sh 文件中追加如下代码。

```
export JAVA_HOME=/usr/java/jdk1.8.0_131
export HADOOP_CONF_DIR=/usr/hadoop-2.10.1/etc/hadoop
export SPARK_MASTER_HOST=Master
export SPARK_LOCAL_DIRS=/usr/spark-2.4.0-bin-hadoop2.7
```

5）复制/usr/spark-2.4.0-bin-hadoop2.7/conf 目录下的 slaves 模板，并将复制的文件命名为 slaves，命令如下。

```
cp slaves.template slaves
```

6）向 slaves 文件中追加如下内容，加入两台 Slave 的 IP 地址，读者需要替换为自己的 Slave 的 IP 地址，代码如下。

```
Slave 0 的 IP 地址
Slave 1 的 IP 地址
```

7）将配置好的 Spark 相关文件分发到两台 Slave 上，命令如下。

```
scp -r /usr/spark-2.4.0-bin-hadoop2.7/ Slave0:/usr/
scp -r /usr/spark-2.4.0-bin-hadoop2.7/ Slave1:/usr/
```

8）在/usr/spark-2.4.0-bin-hadoop2.7/sbin 目录下输入如下命令，启动 Spark。

```
./start-all.sh
```

2. PySpark 的安装与配置

PySpark 是 Spark 为 Python 开发者提供的 API，可以通过 Python 语言进行交互。

1）输入如下命令，安装必备的软件源。

```
yum install zlib-devel bzip2-devel openssl-devel ncurses-devel sqlite-devel readline-devel
tk-devel gcc make libffi-devel
```

2）在 Python 官网中下载 Python 安装包。本书选择的版本是 Python-3.7.0.tgz。

将 Python-3.7.0.tgz 压缩包上传到/tmp 目录下，然后在/usr/local/目录下创建 python 文件夹，之后将刚刚上传的 Python 安装包解压到/usr/local/python 目录下，命令如下。

```
cd /usr/local/
mkdir python
tar -zxvf Python-3.7.0.tgz -C /usr/local/python
```

在/usr/local/python/Python-3.7.0 目录下手动编译，命令如下。

```
./configure prefix=/usr/local/python3
make && make install
```

建立软连接，并输入命令"python3"，如果出现类似"Python 3.7.0"的版本信息，则证明安装 Python 成功，命令如下。

```
ln -s /usr/local/python3/bin/python3.7 /usr/bin/python3
ln -s /usr/local/python3/bin/pip3.7 /usr/bin/pip3
```

修改/etc 目录下的 profile 文件，在环境变量中添加如下内容。修改完毕后，输入命令"source profile"以更新配置。

```
export SPARK_PYTHON=/usr/local/bin/python3
```

输入命令"pyspark"，启动 PySpark，如果出现如图 6-30 所示的信息，则证明 PySpark 安装成功。

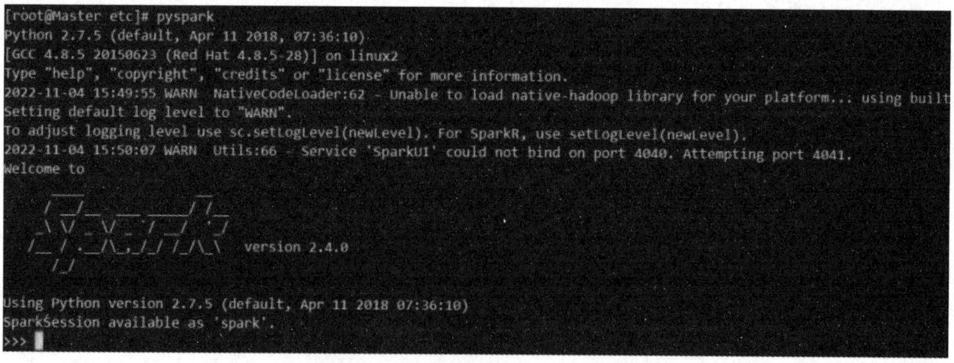

图 6-30　PySpark 安装成功

6.2.4　实践操作

RDD 是 Spark 中的核心数据结构，可以通过对 RDD 进行操作来构建 Spark 应用程序。下面我们将进行 RDD 基本操作练习，包括创建、过滤等操作。

（1）启动 Spark

启动 Xshell 打开三台虚拟机，在任意目录下输入命令"pyspark"即可启动 Spark。

（2）RDD 基础操作

1）创建 intRDD，代码如下。

```
>>> intRDD = sc.parallelize([4,1,2,5,5,6,8])
```

上述代码使用 parallelize()方法，通过传入一个列表参数的方式生成 intRDD。该操作是一个变换运算，不会立即执行。

2）将 intRDD 转换为列表，代码如下。

```
>>> intRDD.collect()
[4, 1, 2, 5, 5, 5, 6, 8]
```

intRDD 执行 collect()方法之后会转换为列表。该操作是一个执行操作，会立即计算。

3）创建 stringRDD，代码如下。

```
>>> stringRDD=sc.parallelize(["Apple", "Google", "Facebook", "Apache"])
>>> stringRDD.collect()
['Apple', 'Google', 'Facebook', 'Apache']
```

4）map()方法能够通过传入的函数，将每个元素经过函数运算产生另外一个 RDD，代码如下。

```
>>> def isEven(x):
...     return x % 2 == 0
>>> intRDD.map(isEven).collect()
[True, False, True, False, False, True, True]
```

在上述代码中，isEven()函数将作为参数传入 map()方法，使得每个元素作为实参传入函数并返回结果，从而产生另一个 RDD。map()方法本身是一个转换操作，不会立即计算，后面加上 collect()方法（执行操作）才能够立即计算出结果。map()方法也可以传入匿名函数，代码如下。

```
>>> intRDD.map(lambda x: x + 5).collect()
[9, 6, 7, 10, 10, 11, 13]
```

在上述代码中，Lamba 语句表示匿名函数，其中指定 x 为形参，x+5 为要执行的运算。针对字符串 RDD 执行 map()方法的代码如下。

```
>>> stringRDD.map(lambda x: "Internet Corp." + x).collect()
['Internet Corp.Apple', 'Internet Corp.Google', 'Internet Corp.Facebook', 'Internet Corp.Apache']
```

5）filter()方法，顾名思义，filter()方法能够对 RDD 内每个元素进行筛选，并产生另一个 RDD，代码如下。

```
>>> intRDD.filter(lambda x: x%2 == 0).collect()
[4, 2, 6, 8]
>>> intRDD.filter(lambda x: x<5).collect()
[4, 1, 2]
>>> intRDD.filter(lambda x: x>2 and x<6).collect()
[4, 5, 5]
>>> intRDD.filter(lambda x: x>=5 or x<=2).collect()
[1, 2, 5, 5, 6, 8]
>>> stringRDD.filter(lambda x: "AP" in x).collect()
[]
```

6）使用 distinct()方法能够删除重复元素，代码如下。

```
>>> intRDD.distinct().collect()
[8, 2, 4, 6, 1, 5]
```

7）使用 randomSplit()方法可以将整个集合元素以随机的方式按比例分为多个 RDD，代码如下。

```
>>> ranRDD = intRDD.randomSplit([0.4, 0.6])
>>> ranRDD[0].collect()
[2, 5, 6, 8]
>>> ranRDD[1].collect()
[4, 1, 5]
```

8）使用 groupBy()方法可以按传入的匿名函数规则，将数据分为多个列表，代码如下。

```
>>> gBRDD=intRDD.groupBy(lambda x : "even" if(x%2 == 0) else "odd").collect()
>>> print(gBRDD[0][0], sorted(gBRDD[0][1]))
('even', [2, 4, 6, 8])
>>> print(gBRDD[1][0], sorted(gBRDD[1][1]))
('odd', [1, 5, 5])
```

（2）多个 RDD 的转换操作

创建多个 RDD 的操作如下。

1）使用 union()方法可以实现并集运算，代码如下。

```
>>> intRDD1 = sc.parallelize([1,3,5,7,9])
>>> intRDD2 = sc.parallelize([2,4,6,8,10])
>>> intRDD3 = sc.parallelize([3,1,5,2])
>>> intRDD1.union(intRDD2).union(intRDD3).collect()
[1, 3, 5, 7, 9, 2, 4, 6, 8, 10, 3, 1, 5, 2]
```

2）使用 intersection()方法可以实现交集运算，同时使用 subtract()方法可以实现差集运算，代码如下。

```
>>> intRDD1.intersection(intRDD3).collect()
[1, 5, 3]
```

```
>>> intRDD1.subtract(intRDD3).collect()
[9, 7]
```

3）使用 cartesian()方法可以实现笛卡儿积运算，代码如下。

```
>>> intRDD1.cartesian(intRDD3).collect()
[(1, 3), (1, 1), (3, 3), (3, 1), (1, 5), (1, 2), (3, 5), (3, 2), (5, 3), (5, 1), (7, 3), (7, 1), (9, 3), (9, 1), (5, 5), (5, 2), (7, 5), (7, 2), (9, 5), (9, 2)]
```

（3）RDD 基本执行操作

RDD 基本执行操作步骤如下。

1）读取 RDD 元素，代码如下。

```
>>> intRDD.first()
>>> intRDD.take(2)
[4, 1]
>>> intRDD.takeOrdered(3)
[1, 2, 4]
>>> intRDD.takeOrdered(3, key=lambda x:-x)
[8, 6, 5]
>>> intRDD.collect()[4]
5
```

2）将 RDD 内的元素进行统计运算，代码如下。

```
>>> intRDD.collect()
[4, 1, 2, 5, 5, 6, 8]
>>> intRDD.stats()
(count: 7, mean: 4.42857142857, stdev: 2.19461307082, max: 8, min: 1)
>>> intRDD.min()
1
>>> intRDD.max()
8
>>> intRDD.mean()
4.428571428571429
>>> intRDD.stdev()
2.194613070819602
>>> intRDD.count()
7
>>> intRDD.sum()
31
```

（4）RDDKey-Value 转换操作

RDDKey-Value 转换操作步骤如下。

1）创建 Key-ValueRDD 范例，代码如下。

```
>>> kvRDD = sc.parallelize([(1,3),(5,2),(5,6),(4,7)])
>>> kvRDD.collect()
[(1, 3), (5, 2), (5, 6), (4, 7)]
```

其中，第一个字段是 Key，第二个字段是 Value。

2）输出全部的 Key 值和 Value 值，代码如下。

```
>>> kvRDD.keys().collect()
[1, 5, 5, 4]
>>> kvRDD.values().collect()
[3, 2, 6, 7]
```

3）使用 filter()方法运算，代码如下。

```
## 使用 filter()方法筛选出 Key 值小于 5 的键值对
>>> kvRDD.filter(lambda kv:kv[0]<5).collect()
[(1, 3), (4, 7)]
## 使用 filter()方法筛选出 Value 值小于 5 的键值对
>>> kvRDD.filter(lambda kv:kv[1]<5).collect()
[(1, 3), (5, 2)]
```

4）使用 mapValues()方法能够针对 RDD 内的每一个键值对进行运算，产生另外一个
RDD，代码如下。

```
## 将键值对的每一个值进行平方运算
>>> kvRDD.mapValues(lambda x: x**2).collect()
[(1, 9), (5, 4), (5, 36), (4, 49)]
```

5）使用 sortByKey()方法能够按照 Key 值从大到小排序，代码如下。

```
## 按照 Key 值从大到小排序
>>> kvRDD.sortByKey(ascending=False).collect()
[(5, 2), (5, 6), (4, 7), (1, 3)]
```

6）使用 reduceByKey()方法按照 Key 值进行 Reduce 运算，代码如下。

```
## 按照 Key 值进行 Reduce 运算
>>> print("Original kv.")
Original kv.
>>> kvRDD.collect()
[(1, 3), (5, 2), (5, 6), (4, 7)]
>>> print("Reduce by key:")
Reduce by key:
>>> kvRDD.reduceByKey(lambda x,y:x+y).collect()
[(4, 7), (1, 3), (5, 8)]
```

在上述代码中，Key 值为 5 的 Value 进行了"+"运算的合并操作。

（5）多个 RDD Key-Value 转换操作

1）创建多个 Key-Value RDD 范例，代码如下。

```
>>> kvRDD1 = sc.parallelize([(2,3),(3,5),(4,6),(1,2)])
>>> kvRDD2 = sc.parallelize([(3,5),(5,4)])
>>> kvRDD1.collect()
[(2, 3), (3, 5), (4, 6), (1, 2)]
>>> kvRDD2.collect()
[(3, 5), (5, 4)]
```

2）使用 join()方法将两个 RDD 按相同的 Key 值连接，代码如下。

```
>>> kvRDD1.join(kvRDD2).collect()
[(3, (5, 5))]
>>> kvRDD1.leftOuterJoin(kvRDD2).collect()
[(4, (6, None)), (1, (2, None)), (2, (3, None)), (3, (5, 5))]
>>> kvRDD1.rightOuterJoin(kvRDD2).collect()
[(5, (None, 4)), (3, (5, 5))]
```

3）subtractByKey()方法能够删除相同 Key 值的数据项，代码如下。

```
>>> kvRDD1.subtractByKey(kvRDD2).collect()
[(4, 6), (1, 2), (2, 3)]
```

（6）Key-Value RDD 执行操作

Key-Value RDD 执行操作的代码如下。

```
## 获取第 1 个键值对
>>> kvRDD.first()
(1, 3)
## 获取前 2 项数据
>>> kvRDD.take(2)
[(1, 3), (5, 2)]
## 读取第一项数据的元素
>>> kvFirst = kvRDD.first()
>>> kvFirst
(1, 3)
## 获取 Key 值
>>> kvFirst[0]
1
## 获取 Value 值
>>> kvFirst[1]
3
## 计算 RDD 中每一个 Key 值的项数
>>> kvRDD1.countByKey()
defaultdict(<type 'int'>, {1: 1, 2: 1, 3: 1, 4: 1})
## 使用 collectAsMap()方法创建 Key-Value 字典
```

```
>>> KVDict = kvRDD1.collectAsMap()
>>> KVDict
{1: 2, 2: 3, 3: 5, 4: 6}
>>> type(KVDict)
<type 'dict'>
```

（7）key-value lookup()方法

可以使用 lookup()方法，输入 Key 值查找 Value 值，代码如下。

```
##lookup()方法
>>> kvRDD1.lookup(3)
[5]
>>> kvRDD1.lookup(5)
[]
```

（8）Accumulator 累加器

Accumulator 累加器共享变量规则表明，Accumulator 累加器可以使用 SparkContext. accumulator()方法创建，使用 add()方法进行累加。

Accumulator 累加器范例如下。

```
## 创建 listRDD 范例
>>> intRDD=sc.parallelize([1,2,3,4,5])
## 创建 total 累加器，初始值为 0.0（double 类型）
>>> total=sc.accumulator(0.0)
## 创建 num 累加器，初始值为 0（int 类型）
>>> count=sc.accumulator(0)
## 使用 foreach()方法传入参数 i，对每一个数据项都执行加 1 操作
>>> intRDD.foreach(lambda i:[total.add(i),count.add(1)])
## 计算平均数，显示总和及数量
>>> avg=total.value/count.value
>>>print("total="+str(total.value)+",num="+str(count.value)+",avg="+str(avg))
total=15.0,num=5,avg=3.0
total=15.0,num=5,avg=3.0
```

（9）RDD 持久化

RDD 的持久化机制可以将需要重复运算的 RDD 存储在内存中，以大幅提升运算效率。persist()方法用于指定存储等级，默认是 MEMORY_ONLY(存储在内存中)。RDD.unpersist()可用于取消持久化，代码如下。

```
## 创建 intRDDMemory
>>> intRDDMemory=sc.parallelize([1,2,3,4,5])
##将 intRDDMemory 持久化
>>> intRDDMemory.persist()
ParallelCollectionRDD[62] at parallelize at PythonRDD.scala:195
```

```
## 查看是否已经缓存
>>> intRDDMemory.is_cached
True
## 取消持久化
>>> intRDDMemory.unpersist()
ParallelCollectionRDD[62] at parallelize at PythonRDD.scala:195
## 查看是否已经缓存
>>> intRDDMemory.is_cached
False
## RDD persist 设置存储等级（内存和硬盘等级）
>>> from pyspark import StorageLevel
>>> intRDDMemory.persist(StorageLevel.MEMORY_AND_DISK)
ParallelCollectionRDD[62] at parallelize at PythonRDD.scala:195
>>> intRDDMemory.is_cached
True
>>> intRDDMemory.unpersist()
ParallelCollectionRDD[62] at parallelize at PythonRDD.scala:195
>>> intRDDMemory.is_cached
False
```

6.2.5　小结

Spark 是一个高效、通用且易于扩展的大数据计算引擎，它继承了 MapReduce 框架的相关特性，拥有分布式并行计算的优点，同时针对 MapReduce 框架的缺陷进行了创新性改进。不同于 MapReduce 框架，Spark 选择将中间数据存储在内存中，而非频繁地读写硬盘，可以显著提高运算的执行效率。此外，Spark 的容错性强，这主要归功于其引入的弹性分布式数据集机制，如果数据集的部分数据丢失，Spark 则可以根据 RDD 间的依赖关系对数据进行重建。更进一步地，通过在 RDD 计算过程中设置检查点（Checkpoint），确保数据处理的稳定性和容错性，为大规模数据分析提供了坚实的保障。

最后，Spark 与 Hadoop 也是一种共生关系，Spark 为需要 Hadoop 的数据集提供高效的存储管理，而 Hadoop 则为 Spark 提供其所不具备的功能特性，如分布式文件系统 HDFS。

6.2.6　课后习题

（1）简述 Spark 的生态体系。

（2）简述 Hadoop 与 Spark 的区别。

（3）简述 RDD 中执行操作与转换操作的区别。

（4）在实际开发过程中，哪种类型的 RDD 需要被放在内存中？

（5）按照 6.2.3 节和 6.2.4 节的相关内容，在自己的计算机上完成 Spark 的安装与配置，并完成实践操作。

第 7 章

实时计算

实时计算，也称为实时流计算或流计算，表示那些实时或者低延迟的流数据处理过程。实时计算通常应用在实时性要求高的场景，比如实时监控等，其延迟一般都在毫秒级甚至更低。

目前比较流行的实时计算有 Storm、Spark Streaming 与 Flink 等。其中，Storm 是一个分布式实时大数据处理框架（纯实时框架），旨在以容错和水平可扩展的方法处理大量数据，有时它也被人们称为实时处理领域的 Hadoop。Spark Streaming 属于微批处理，具有高吞吐量但延迟相比 Storm 较高（准实时框架）的特点，这使得 Spark Streaming 的应用场景受到一定的限制。Flink 则是事件驱动的流处理引擎，将批处理当作一种有限的流，具有高吞吐、低延迟、高性能的特点。

7.1 Storm

Hadoop 适用于批量的离线数据处理，而在对实时性要求高的场景下，可以使用将 Hadoop 替换为 Storm。

7.1.1 流计算介绍

数据可以分为静态数据和流数据。如果把数据存储系统比作一座水库，那么静态数据就像水库中的水，是静止不动的。很多企业为了支持决策分析而构建了数据仓库，其中存放的大量历史数据就是静态数据，这些数据来自不同的数据源，通过 ETL（Extract Transform Load，提取、转换、加载）工具加载到数据仓库中，并且不会更新，技术人员可以利用数据挖掘和数据分析工具从这些数据中找到对企业有价值的信息。与静态数据相比，流数据就像奔涌的河流，是以大量、快速、时变的流形式持续到达的数据。

实时计算和流计算有一定的相关性，但实际并不相同。流计算是实时计算的子集（即针对流式计算的实时计算），强调数据以数据流的形式输入、处理和输出，实时计算强调数据输入到产出最终结果的延迟要低，数据在系统中传递的形式可以有很多种。流计算的基本理念是数据的价值会随着时间的流逝而降低。因此，当数据到达时就应该立即处理，而不是存储起来等待批处理。

为了及时处理数据，我们需要一个低延迟、可扩展、高可靠性的处理引擎。一个流计算框架应该具备如下特性。

- 高性能：这是处理大数据的基本要求，如每秒处理几十万条数据。
- 海量式：支持处理 TB 级甚至是 PB 级的数据。
- 实时性：必须保证较低的延时，达到秒级，甚至毫秒级。
- 分布式：支持大数据的基本架构，具备水平可扩展能力。
- 易用性：支持快速开发和部署。
- 可靠性：能可靠地处理流数据。

Storm 就是集合了以上优秀特性的流计算框架。

7.1.2　Storm 介绍

Storm 是 Twitter 开源的分布式实时大数据处理框架，适用于网站统计、推荐系统、预警系统、金融系统（高频交易、股票）等延迟敏感场景。在这些场景中，Hadoop 的 MapReduce 框架不再适用，而需要采用 Storm 这样的实时计算框架。

Storm 具有以下特性。

- 开发与部署简易：Storm 使用简单的 API 与数量有限的抽象来实现工作流，易于配置和部署。
- 可扩展性强：Storm 可以高效并行处理海量消息，并支持通过增加机器来提高并行度。
- 容错：Storm 在设计上允许发生错误，失败的任务将自动重启。
- 数据处理保证：Storm 能够保证每条经过系统的消息都被处理，当出现错误时，消息会重新发送，以确保数据的完整性。
- 语言无关性：Storm 的拓扑（Topology）和消息处理组件（Bolt）可以用多种编程语言定义。

1. 基本架构

图 7-1 为 Storm 的基本架构。其中，Nimbus 与 MapReduce 框架的 JobTracker 类似，作为 Storm 的核心，负责在集群中管理节点，同时对任务进行分配并监控是否出现错误。

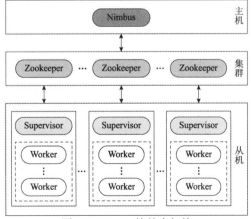

图 7-1　Storm 的基本架构

图 7-1 中的 Supervisor 负责监听分配给某个节点的任务，也可用于启动或停止 Nimbus 分配给节点的数据处理进程。ZooKeeper 则用于协调 Storm 的数据处理任务，也能存储有关调度的相关信息。

Storm 的核心组件有以下 9 个。

- Nimbus：它是 Storm 的主节点，每个 Storm 系统中只有一个 Nimbus，负责资源分配和任务调度。

- Spout：它是 Topology（拓扑，表示 Storm 中运行的一个实时应用程序）中数据流的来源。Spout 首先从外部数据源获取元组，然后将它们发送到拓扑中。一个 Spout 可以发送多个数据流。根据需求，Spout 分为可靠或不可靠两类。可靠的 Spout 在 tuple（元组，消息传递的基本单位）发送失败时会重新发送该元组，从而确保所有的元组都能被正确处理；不可靠的 Spout 在元组发送失败之后则不会对元组进行任何处理。

- Bolt：拓扑中所有的数据处理均是由 Bolt 完成的。通过数据过滤、函数处理、聚合、联结、数据库交互等功能，Bolt 几乎能够完成各种数据处理需求。一个 Bolt 可以实现简单的数据流转换，而复杂的数据流转换则需要多个 Bolt 通过多个步骤完成。

- Task：代表任务，Task 是 Storm 中进行计算的最小运行单位，表示 Spout 或 Bolt 的运行实例。每个 Task 都负责处理一部分数据流，并执行相应的计算操作。

- Worker：代表工作进程，每个工作进程都有多个任务。

- Supervisor：负责接收 Nimbus 分配的任务，管理所有工作进程。一个 Supervisor 节点包含多个工作进程。

- Topology：Storm 的拓扑是对实时计算应用逻辑的封装，可以理解成由一系列通过数据流相互关联的 Spout 和 Bolt 组成的结构。它的作用与 MapReduce 框架的任务很相似。MapReduce 框架使用 Map 获取数据，使用 Reduce 处理数据，而 Topology 使用 Spout 获取数据，使用 Bolt 进行计算。MapReduce 框架的任务在得到结果之后会结束，而拓扑会一直在集群中运行，直到被手动终止。

- Stream：数据流是 Storm 中最核心的抽象概念。数据流指的是在分布式环境中并行创建、处理的一组元组（tuple）的无界序列。

- Stream Grouping：它定义了在 Bolt 的不同任务中划分数据流的方式，是拓扑中每个 Bolt 的输入数据流，同时是确定拓扑定义的重要环节。

2. 拓扑结构

Topology 是用户开发应用程序时使用的主要组件。一个 Topology 由一个或多个 Spout 和 Bolt 组成。Topology 是一种计算图，其中的每个节点都包含数据处理逻辑。Topology 的运行流程如图 7-2 所示。

图 7-2 主要展示了 3 种模式。

- 模式 1：一个 Spout 获取数据，交给一个 Bolt 进行处理。

- 模式 2：一个 Spout 获取数据后，将一部分数据交给一个 Bolt 进行处理，再将处理结果交给下一个 Bolt 处理剩余部分，形成一个数据流。

- 模式 3：一个 Spout 可以同时将数据发送给多个 Bolt，而一个 Bolt 也可以从多个

Spout 或多个 Bolt 接收数据，最终形成多个数据流。但是，这种模式的数据流必须是有方向的，并且要有起点和终点，否则会形成死循环。例如，Spout 发送数据给 Bolt1，Bolt1 发送数据给 Bolt2，Bolt2 又发送数据给 Bolt1，形成了一个环，导致数据流的处理流程无法结束。

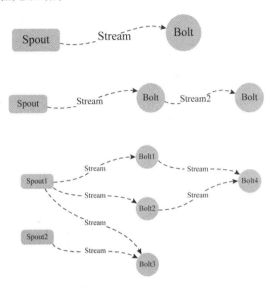

图 7-2　Topology 的运行流程

通过 Topology，Storm 可以确保每个发送的元组都能被正确处理。通过跟踪由 Spout 发出的每个元组构成的元组树，Storm 可以确定元组是否已经完成处理。每个 Topology 都会设置消息延迟时间参数，如果 Storm 在延时时间内没有检测到元组处理完成，就会将该元组标记为处理失败，并会在稍后重新发送该元组，以此提高可靠性。

3. Storm 与 Hadoop

Hadoop 和 Storm 都是用于分析大数据的框架，两者互补，但在某些方面还是有所不同。Storm 主要执行除了持久化之外的所有操作，相比之下，Hadoop 在各方面都具有良好的性能，但处理速度较实时计算来说慢。

表 7-1 对 Storm 和 Hadoop 进行了比较。

表 7-1　Storm 与 Hadoop 的对比

对比项	Storm	Hadoop
数据处理方式	实时流处理	批量处理
状态	无状态（在处理数据流时，不保留与单条消息相关的状态信息）	有状态（Hadoop 不直接维护状态信息，而是依赖于其 HDFS 或其他组件提供有状态服务）
架构	主/从架构，基于 ZooKeeper 进行协调	可具有/不具有基于 ZooKeeper 的协调的主从结构
执行	Storm 拓扑运行直到用户关闭或意外的不可恢复故障	MapReduce 作业按顺序执行

续表

对比项	Storm	Hadoop
容错与分布式	两者都是分布式和容错	
恢复	如果 Nimbus 或 Supervisor 死机，重新启动后，它还会从停止的地方开始继续工作，不会受到影响	对于 Hadoop 1.x 版本，如果 JobTracker 死机，所有正在运行的作业都会丢失

7.1.3 实践操作

在本节中，我们将以经典的词频统计项目为例，对 words 数据集中各个单词出现的频次进行统计，以深入了解 Storm 项目的基本结构和相关处理函数的功能。

读者可以下载本书的配套资料包的第 10 章中的 storm-examples.zip 压缩包，将其解压至英文路径下，步骤如下。

（1）打开项目

使用 IntelliJ IDEA 以 Maven project 的形式打开刚刚解压的项目，如图 7-3 和图 7-4 所示。

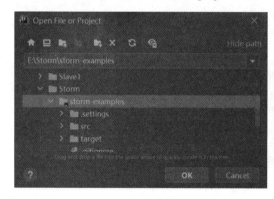

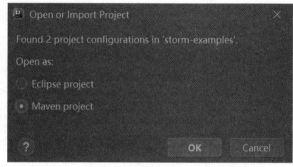

图 7-3　打开项目　　　　　　　　　　　图 7-4　选择 Maven project

（2）Storm 项目介绍

Maven 是一个管理软件项目的综合工具，用于管理项目从包依赖到版本发布的整个过程。为了运行拓扑，我们需要在 pom.xml 文件中引入 Storm 的基本依赖，代码如下。

```
<project xmlns="http://maven.apache.org/POM/4.0.0"

xmlns:xsi="http://www.w3.org/2001/XMLSchema-instance"

xsi:schemaLocation="http://maven.apache.org/POM/4.0.0

http://maven.apache.org/xsd/maven-4.0.0.xsd">

    <modelVersion>4.0.0</modelVersion>

    <groupId>storm.book</groupId>

    <artifactId>Getting-Started</artifactId>

    <version>0.0.1-SNAPSHOT</version>

    <build>

    <plugins>
```

```xml
            <plugin>
                <groupId>org.apache.maven.plugins</groupId>
                <artifactId>maven-compiler-plugin</artifactId>
                <version>2.3.2</version>
                <configuration>
                    <source>1.6</source>
                    <target>1.6</target>
                    <compilerVersion>1.6</compilerVersion>
                </configuration>
            </plugin>
        </plugins>
    </build>
    <repositories>
        <repository>
            <id>clojars.org</id>
                <url>http://clojars.org/repo</url>
        </repository>
    </repositories>
        <dependencies>
            <dependency>
                <groupId>storm</groupId>
                <artifactId>storm</artifactId>
                <version>0.6.0</version>
            </dependency>
        </dependencies>
</project>
```

在上述代码中，首先指定了工程名称和版本号，随后添加了编译器插件，此代码要用 Java 1.6 编译。接下来需要定义 Maven 仓库（Maven 支持为同一个工程指定多个仓库），其中 clojars 是存放 Storm 依赖的仓库。Maven 会在本地模式下自动下载必要的子依赖。典型的 Maven Java 工程结构如图 7-5 所示。

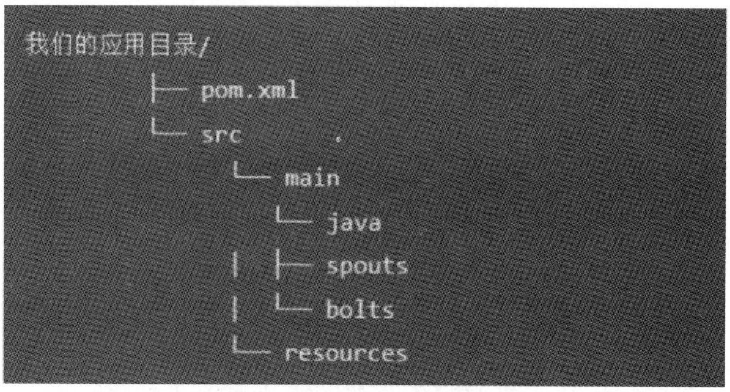

图 7-5　Maven Java 工程结构

Java 目录下的子目录包含我们的代码。我们需要把数据集文件 words.txt 保存在 resource 目录下。在代码中，WordReader 类实现了 IRichSpout 接口，其主要功能是从文件按行读取文本，并把文本行提供给 Bolt。一个 Spout 发布一个定义域列表，这个架构允许用户使用不同的 Bolt 从同一个 Spout 流中读取数据，它们的输出也可作为其他 Bolt 的定义域，以此类推，代码如下。

```java
package spouts;
import java.io.BufferedReader;
import java.io.FileNotFoundException;
import java.io.FileReader;
import java.util.Map;
import backtype.storm.spout.SpoutOutputCollector;
import backtype.storm.task.TopologyContext;
import backtype.storm.topology.OutputFieldsDeclarer;
import backtype.storm.topology.base.BaseRichSpout;
import backtype.storm.tuple.Fields;
import backtype.storm.tuple.Values;
public class WordReader extends BaseRichSpout {
    private SpoutOutputCollector collector;
    private FileReader fileReader;
    private boolean completed = false;
    public void ack(Object msgId) {
        System.out.println("OK:"+msgId);
    }
    public void close() {}
    public void fail(Object msgId) {
        System.out.println("FAIL:"+msgId);
    }
    public void nextTuple() {
        if(completed){
```

```
        try {
            Thread.sleep(1000);
        } catch (InterruptedException e) {
        }
        return;
    }
    String str;
    BufferedReader reader = new BufferedReader(fileReader);
    try{
        while((str = reader.readLine()) != null){
            this.collector.emit(new Values(str),str);
        }
    }catch(Exception e){
        throw new RuntimeException("Error reading tuple",e);
    }finally{
        completed = true;
    }
}
public void open(Map conf, TopologyContext context,
        SpoutOutputCollector collector) {
    try {
        this.fileReader = new FileReader(conf.get("wordsFile").toString());
    } catch (FileNotFoundException e) {
        throw new RuntimeException("Error reading file ["+conf.get("wordFile")+"]");
    }
    this.collector = collector;
}
public void declareOutputFields(OutputFieldsDeclarer declarer) {
    declarer.declare(new Fields("line"));
}
}
```

函数 open()是第一个被调用的 Spout 方法，它接收如下参数。

- conf：配置对象在定义 Topology 对象时创建。
- TopologyContext：对象包含的所有拓扑数据。
- SpoutOutputCollector：对象发布交给 Bolt 处理的数据。

函数 open()的实现代码如下。

```
public void open(Map conf, TopologyContext context,
        SpoutOutputCollector collector) {
```

```
    try {
        this.fileReader = new FileReader(conf.get("wordsFile").toString());
    } catch (FileNotFoundException e) {
        throw new RuntimeException("Error reading file ["+conf.get("wordFile")+"]");
    }
    this.collector = collector;
}
```

函数 open()创建了 FileReader 对象，用于读取文件。接下来要实现函数 nextTuple()，通过它向 Bolt 发布待处理的数据。在本示例中，函数 nextTuple()要读取文件并逐行发布数据，代码如下。

```
public void nextTuple() {
    if(completed){
        try {
            Thread.sleep(1000);
        } catch (InterruptedException e) {
        }
        return;
    }
    String str;
    //Open the reader
    BufferedReader reader = new BufferedReader(fileReader);
    try{
        while((str = reader.readLine()) != null){
            this.collector.emit(new Values(str),str);
        }
    }catch(Exception e){
        throw new RuntimeException("Error reading tuple",e);
    }finally{
        completed = true;
    }
}
```

Values 是一个列表，它的元素是传入构造器的参数。函数 nextTuple()会在同一个循环内被函数 ack()和函数 fail()周期性调用。在没有任务时，Values 必须释放对线程的控制，其他函数才有机会执行。因此，在函数 nextTuple()的第一行就要检查是否已处理完成。如果已处理完成，为了降低处理器负载，处理器会在返回前休眠 1ms。任务完成则代表文件中的每一行都已被读出并分发。

元组是一个列表，它可以包含任意的 Java 对象（只要它是可序列化的）。默认情况下，Storm 会序列化字符串、字节数组与 Hash 表等类型。

Spout 可用于按行读取文件并为每行发布一个元组，还会创建两个 Bolt。Bolt 实现了接口 backtype.storm.topology.IRichBolt。其中，Bolt 最重要的函数是 execute()，每次收到元组时都会被调用一次，然后还会再发布若干个元组。

WordNormalizer 类负责得到每行文本并对其进行标准化。它会把文本行切分成单词，将英文大写形式字母转换为小写形式，并去掉首尾的空白符。

```
public void declareOutputFields(OutputFieldsDeclarer declarer) {
    declarer.declare(new Fields("word"));
}
```

上述代码声明 Bolt 将发布一个名为"word"的域。下一步需要实现 execute()函数，以处理传入的元组，代码如下。

```
public void execute(Tuple input, BasicOutputCollector collector) {
        String sentence = input.getString(0);
        String[] words = sentence.split(" ");
        for(String word : words){
            word = word.trim();
            if(!word.isEmpty()){
                word = word.toLowerCase();
                collector.emit(new Values(word));
            }
        }
}
```

完整代码如下。

```
package bolts;
import backtype.storm.topology.BasicOutputCollector;
import backtype.storm.topology.OutputFieldsDeclarer;
import backtype.storm.topology.base.BaseBasicBolt;
import backtype.storm.tuple.Fields;
import backtype.storm.tuple.Tuple;
import backtype.storm.tuple.Values;
public class WordNormalizer extends BaseBasicBolt {
    public void cleanup() {}
    public void execute(Tuple input, BasicOutputCollector collector) {
        String sentence = input.getString(0);
        String[] words = sentence.split(" ");
        for(String word : words){
            word = word.trim();
            if(!word.isEmpty()){
                word = word.toLowerCase();
```

```
                        collector.emit(new Values(word));
                }
            }
        }
        public void declareOutputFields(OutputFieldsDeclarer declarer) {
            declarer.declare(new Fields("word"));
        }
    }
```

通过上述示例，我们能够了解在一次 execute()函数调用中发布多个元组的方法。如果这个方法在一次调用中收到句子"This is the Storm book"，那么它将会发布 5 个元组。

WordCounter 的功能是为单词计数。这个拓扑结束时（即调用函数 cleanup()时），将显示每个单词出现的频次，代码如下。

```
package bolts;
import java.util.HashMap;
import java.util.Map;
import backtype.storm.task.TopologyContext;
import backtype.storm.topology.BasicOutputCollector;
import backtype.storm.topology.OutputFieldsDeclarer;
import backtype.storm.topology.base.BaseBasicBolt;
import backtype.storm.tuple.Tuple;
public class WordCounter extends BaseBasicBolt {
    Integer id;
    String name;
    Map<String, Integer> counters;
    @Override
    public void cleanup() {
        System.out.println("-- Word Counter ["+name+"-"+id+"] --");
        for(Map.Entry<String, Integer> entry : counters.entrySet()){
            System.out.println(entry.getKey()+": "+entry.getValue());
        }
    }
    @Override
    public void prepare(Map stormConf, TopologyContext context) {
        this.counters = new HashMap<String, Integer>();
        this.name = context.getThisComponentId();
        this.id = context.getThisTaskId();
    }
    @Override
```

```
public void declareOutputFields(OutputFieldsDeclarer declarer) {}
@Override
public void execute(Tuple input, BasicOutputCollector collector) {
    String str = input.getString(0);
    if(!counters.containsKey(str)){
        counters.put(str, 1);
    }else{
        Integer c = counters.get(str) + 1;
        counters.put(str, c);
    }
}
}
```

在上述代码中，execute()函数使用 HashMap 收集单词并计数。拓扑结束时，将调用 clearup()函数输出计数器（通常当拓扑关闭时，应当使用 cleanup()函数关闭活动的连接和其他资源）。

用户可以在主类中创建拓扑和一个本地集群对象，以便在本地进行调试。对于本地集群对象，可以通过调整 Config 对象，让用户尝试不同的集群配置。在拓扑中，各个进程必须能够独立运行，不应依赖共享数据（无全局变量或类变量），这是因为当拓扑在真实的集群环境中运行时，这些进程可能分布在不同的机器上。接下来，我们将使用 TopologyBuilder 来创建拓扑，它能够决定 Storm 如何安排各节点，以及交换数据的方式，代码如下。

```
TopologyBuilder builder = new TopologyBuilder();
builder.setSpout("word-reader",new WordReader());
builder.setBolt("word-normalizer", new WordNormalizer())
    .shuffleGrouping("word-reader");
builder.setBolt("word-counter", new WordCounter(),1)
    .fieldsGrouping("word-normalizer", new Fields("word"));
```

在上述代码中，Spout 和 Bolt 通过 shuffleGrouping()函数连接，这种分组方式决定了 Storm 会以随机分配的方式从源节点向目标节点发送消息。

接下来，我们需要创建一个包含拓扑配置的 Config 对象，它会在运行时与集群配置合并，并通过 prepare()函数发送给所有节点，代码如下。

```
Config conf = new Config();
conf.put("wordsFile", "src/main/resources/words.txt");
conf.setDebug(false);
```

由 Spout 读取的文件名会赋值给 wordsFile 属性。由于是在开发阶段，可以设置调试的属性为 true，这样 Strom 会输出节点间交换的所有消息以及其他有助于理解拓扑运行方式的调试数据。

在实际生产环境中，拓扑会持续运行，不过对于本节介绍的示例来说，只要运行几秒就能看到结果，代码如下。

```
conf.put(Config.TOPOLOGY_MAX_SPOUT_PENDING, 1);
LocalCluster cluster = new LocalCluster();
cluster.submitTopology("Getting-Started-Toplogie", conf, builder.createTopology());
Thread.sleep(1000);
cluster.shutdown();
```

上述代码通过调用 createTopology()和 submitTopology()函数来运行拓扑，休眠 1s 后关闭集群，最后将程序打包发送到 Master 上。输出统计结果如图 7-6 所示。

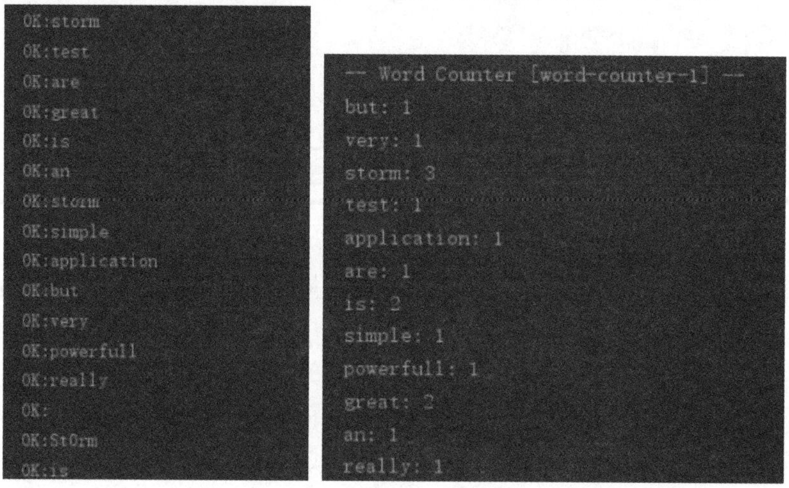

图 7-6　统计结果

7.1.4　小结

本节主要介绍了 Storm 的基本架构和拓扑结构，还介绍了相关的实践操作。

Storm 是一个分布式实时大数据处理框架，它对实时性有很高的要求，是一种性能出众的计算框架。Hadoop 适用于批量的离线数据处理，而在对实时性要求较高的场景下，可以将 Hadoop 替换为 Storm。

7.1.5　课后习题

（1）简述 Spout 的作用。

（2）简述 ZooKeeper 对于 Storm 的作用。

（3）简述流数据的概念和特征。

（4）什么是静态数据？

（5）什么是动态数据？

（6）按照 7.1.3 节的相关内容，在自己的计算机上完成实践操作。

7.2   Spark Streaming

Spark Streaming 是 Spark 核心 API 的一个扩展，可以实现高吞吐量、具备容错机制的实时流数据处理。它的原理是将实时数据流按小的时间片段（秒或几百毫秒）分成多个批分片，然后用一批 Spark 应用实例以类似 Spark 离线批处理的方式处理这些数据，以达到实时处理的效果。

7.2.1   Spark Streaming 介绍

Spark Streaming 的数据处理流程如图 7-7 所示。

图 7-7   Spark Streaming 的数据处理流程

Spark Streaming 支持从多种数据源（如 Kafka、Flume 等）获取数据，通过使用高级函数对数据进行处理，可以将处理结果存储到 HDFS 或数据库中。Spark Streaming 还可以使用 Spark 的其他子框架（如 MLlib、Spark GraphX 等）对流数据进行处理。

1. 编程模型

DStream（Discretized Stream，离散数据流）是 Spark 为实时计算提供的新型编程模型，是 Spark Streaming 对持续实时数据流的抽象描述。

DStream 可以通过内部转换操作获得，也可以从外部输入源获取。

在内部实现上，DStream 由一组时间序列上连续的 RDD 组成，每个 RDD 都包含自己特定时间间隔内的数据流，如图 7-8 所示。

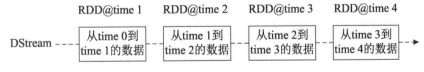

图 7-8   DStream 的内部实现

如图 7-9 所示，对 DStream 的各种操作也会映射到内部的 RDD 上。通过 RDD 的 flatMap 转换操作也可以生成新的 DStream。

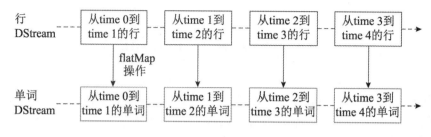

图 7-9   DStream 操作

　　DStream 的核心思想是将计算划分为一系列有时间间隔、与状态无关、确定批次的任务，每个时间间隔内收到的输入数据会被可靠地存储到集群中。作为输入的数据集，数据会经过 map()、reduce() 等操作，产生中间数据或新的数据集，最终存储在 RDD 中。

　　Input DStream 是 DStream 的一种，它能够将 Spark Streaming 连接到一个外部数据源以读取数据。

　　Spark Streaming 包含如下两种流式数据输入源。

● 基础来源：StreamingContext API 直接可用的来源，如文件系统、套接字连接等。
● 高级来源：如 Kafka、Flume、Kinesis 等，可以通过额外的工具类创建。

　　每个 Input DStream 都对应一个接收器对象。该接收器对象会从数据源接收数据并存入内存以处理。在 Spark Streaming 应用程序中，可以创建多个 Input DStream 以并行接收多个数据流。

2. 核心特性

　　图 7-10 描述了 Spark Streaming 的计算流程。在该流程中，Spark 将流式计算分解成一系列小的批处理作业，也就是把输入数据划分成 DStream，其中每一段数据都会被转换成 Spark 中的 RDD。因此，DStream 可以被视为 RDD 的一个序列。随后，Spark Streaming 中对 DStream 的变换操作会转变为 Spark 中对 RDD 的变换操作，将经过操作变成的中间数据保存在内存中。此外，根据业务需求，也可以对中间数据进行叠加或者将其存储到外部设备。

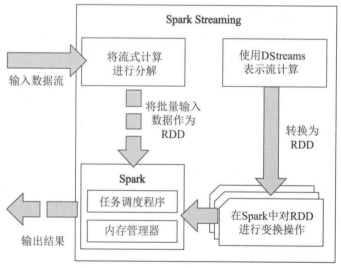

图 7-10   Spark Streaming 的计算流程

Spark Streaming 的核心特性如下。

（1）支持多种数据源

由于 Spark Streaming 支持从多种数据源获取数据流，包括 Kafka、Flume 等，因此它适用于多种应用场景，如网络监控数据处理与传感器数据处理等。

（2）高吞吐量

Spark Streaming 可以处理高吞吐量的数据。

（3）低延迟

Spark Streaming 通过将实时数据流分成小的批次并在集群中对小批次数据进行并行处理，实现了低延迟的数据处理。

（4）容错机制

Spark Streaming 具有强大的容错机制。Spark Streaming 的容错机制依赖于 RDD 的自动故障恢复功能和数据可靠性。由于每个 RDD 都是一个不可变且可重新计算的分布式数据集，其记录着操作的继承关系，因此只要输入数据是可容错的，那么即使任意一个 RDD 的分区不可用或出错，也可以通过重新计算原始输入数据的方式迅速修复出错数据。

Spark Streaming 的 RDD 继承关系如图 7-11 所示。其中，一个容器代表一个 RDD，容器中的每个圆形代表 RDD 中的一个分区，一列的多个 RDD 表示一个 DStream。RDD 之间通过继承关系相连，由于 Spark Streaming 的输入数据可以来自网络的数据流（网络输入数据会将数据流复制两份并发送到其他机器上）或来自磁盘，例如 HDFS 都能保证容错，因此，当 RDD 中任意的分区出错时，都可以并行地在其他机器上计算出错的分区。这种容错恢复方式比连续计算模型（如 Storm）更高效。

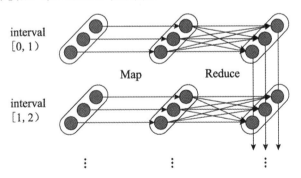

图 7-11　Spark Streaming 的 RDD 继承关系

（5）可扩展性

Spark Streaming 具有强大的可扩展性，能够处理大规模的数据流。通过添加计算资源，如节点和核心，可以实现对 Spark Streaming 集群的水平扩展，以处理更多的数据和更复杂的计算任务。

（6）与 Spark 生态系统无缝集成

Spark Streaming 能够与 Spark 生态系统的其他组件无缝集成，可以与 Spark SQL、MLlib 和 Spark GraphX 等协同工作，实现对实时数据的处理和复杂分析。

7.2.2　DStream 操作

本节重点介绍 DStream 的相关操作。

1. 转换操作

转换操作是指在一个或多个 DStream 上创建转换后的新 DStream。与 RDD 类似，常用的转换操作及描述如表 7-2 所示。

表 7-2　常用的转换操作及描述

转换操作	描述
map(func)	每个元素通过函数 func 处理，返回一个新的 DStream
flatMap(func)	类似于 map()，不同的是每个输入元素可以映射为 0 或者更多的输出元素
filter(func)	经过函数 func 计算后，返回值为 true 的元素，最终返回一个新的 DStream
repartition(numPartitions)	通过修改输入参数 numPartitions 的值来改变 DStream 的分区大小
union(otherStream)	返回新的 DStream，包含源 DStream 和其他 DStream 的并集
count()	对源 DStream 内部所含有 RDD 的元素数量进行计数
reduce(func)	对源 DStream 中的每个 RDD 执行函数 func 进行聚合操作，返回一个新的 DStream
countByValue()	计算每个键在 DStream 中出现的次数
reduceByKey(func,[numTasks])	可对 DStream 中的键值对进行聚合，主要用于合并具有相同键的值，通过用户定义的函数 func 来减少每个键关联的值。参数 numTasks 定义了执行归约操作时并行任务的数量
join(otherStream,[numTasks])	将两个 DStream 进行连接操作，会将两个 DStream 中的元素根据键（Key）进行连接，生成一个新的 DStream
cogroup(otherStream,[numTasks])	将两个 DStream 中具有相同键（Key）的元素组合到一起。与 join() 方法不同的是，cogroup() 方法不会将两个流中的值合并成一个单一的键值对，而是为每个键分别保留来自两个流的值的集合
transform(func)	对 DStream 中的 RDD 进行自定义的转换操作，该方法接受一个函数 func 作为参数，这个函数会被应用到 DStream 中的每一个 RDD 上
updateStateByKey()	根据 Key 来更新和维护每个 Key 对应的状态信息

下面介绍 transform() 方法和 updateStateByKey() 方法。

（1）transform()方法

transform()方法允许在 DStream 上应用任意的 RDD 到 RDD 的函数，用于进行 DStream API 中没有提供的 RDD 操作，例如对 DStream 中的 RDD 和另外一个数据集进行连接操作。

（2）updateStateByKey()方法

updateStateByKey()方法可以在保持任意状态的同时不断对新的信息进行更新。要使用此操作，必须完成以下两个步骤。

● 定义状态：状态可以是任意的数据类型。

● 定义状态更新函数：用一个函数指定如何使用先前的状态，并从输入流中获取新值的更新状态。

假设需要对文本中的数据流进行单词计数，用一个整数表示计数结果。我们需要定义更新功能，代码如下。

```
def updateFunction(newValues:Seq[Int],runningCount:Option[Int]) :Option[Int]={
    Val newCount = ..
    Some(newCount)
}
```

在上述代码中，updateFunction()函数会对 DStream 中的每个元素调用更新函数，其中 runningCount 表示旧值，newValues 表示新值，代码如下。

```
val runningCounts = pairs.updateStateByKey[Int](updateFunction _)
```

2. 状态操作

状态操作是实现多批次数据处理的关键操作之一，其中包括基于窗口的操作。

Spark Streaming 会先设置好批处理间隔（batch duration），当超过批处理间隔时，采集到的数据就会被整合成一批数据，然后提交给系统以处理。在窗口操作中，窗口内部包含 N 个批处理数据。批处理数据的大小由窗口间隔决定。窗口间隔是指窗口的持续时间，只有窗口的运行时间达到窗口间隔时，才会触发批数据的处理。

窗口操作还有一个重要的参数——滑动间隔（slide duration），它是指经过一定时间后，窗口会滑动一次以形成新的窗口。

如图 7-12 所示，批处理间隔是 1 个时间单位，窗口间隔是 3 个时间单位，滑动间隔是 2 个时间单位。在初始窗口（time 1 至 time 3）中，可能没有足够的数据来填满，但是随着时间的推移，窗口会逐渐被填满，从而触发数据的处理。每经过 2 个时间单位，窗口就会滑动一次，同时移除最早的 2 个时间单位的数据，然后新的数据流入窗口，这时系统会将最新的 2 个时间单位的数据进行整合以形成新的窗口（time 3 至 time 5）。

常用的窗口操作及描述如表 7-3 所示。

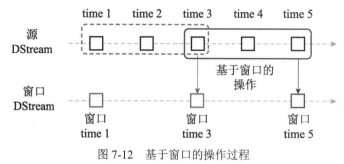

图 7-12   基于窗口的操作过程

表 7-3   常用的窗口操作及描述

窗口操作	描述
window(windowLength,slideInterval)	将数据流按照时间窗口分组，并在每个窗口内执行聚合操作
countByWindow(windowLength, slideInterval)	统计在指定时间窗口内的元素数量
reduceByWindow(func,windowLength, slideInterval)	在一个滑动时间窗口内对数据进行归约操作
reduceByKeyAndWindow(func, windowLength,slideInterval,[numTasks])	允许用户对 DStream 中的键值对数据进行归约操作，并且这个归约操作是在一个滑动的时间窗口内进行
countByValueAndWindow(windowLength, slideInterval,[numTasks])	在特定时间窗口内对 DStream 中的元素进行计数

3. 输出操作

输出操作是指将 DStream 的数据输出到外部系统，如数据库或者文件系统。输出操作会触发所有 DStream 转换操作的实际执行，与 RDD 的执行操作类似。

DStream 常用的输出操作及描述如表 7-4 所示。

表 7-4   DStream 常用的输出操作及描述

输出操作	描述
print()	输出 DStream 中的每个 RDD 的内容
saveAsTextFiles(prefix,[suffix])	将 DStream 中的数据保存为文本文件
saveAsObjectFiles(prefix,[suffix])	将 DStream 中的数据保存为序列化的对象文件
saveAsHadoopFiles(prefix,[suffix])	将 DStream 中的数据以 Hadoop SequenceFile 或其他 Hadoop 支持的文件格式保存到 HDFS 或 Hadoop 支持的其他文件系统中
foreachRDD(func)	对 DStream 中的每一个 RDD 应用函数 func

4. 持久化

DStream 与 RDD 一样，能通过 persist()方法将数据存储在内存中。默认的持久化等级是 MEMORY_ONLY_SER（在内存中存储数据的同时进行序列化），这样做有助于加快运行速度，尤其是对于需要多次迭代计算的程序。

对于一些基于状态的操作（如 updateStateBykey()方法）以及基于窗口的操作（如 reduceByWindow()方法与 reduceByKeyAndWindow()方法），默认的持久化策略是将数据保存在内存中。

对于来自网络的数据源，为了保证容错，默认的持久化策略是将数据保存在两台机器上以保证容错性。

5. 使用方法

由于 Spark Streaming 继承了 Spark 的编程风格，因此了解 Spark 的用户能快速上手。接下来以 Spark Streaming 官方提供的 WordCount 代码为例进行介绍。

```scala
scala> import org.apache.spark._
scala> import org.apache.spark.streaming._
scala> import org.apache.spark.streaming.StreamingContext._
scala> val conf = new SparkConf().setMaster("local[2]").setAppName(
"NetworkWordCount")
scala> val sc = new SparkContext(conf)
scala> val ssc = new StreamingContext(sc, Seconds(1))
scala> val lines = ssc.socketTextStream("localhost", 9999)
scala> val words = lines.flatMap(_.split(" "))
scala> import org.apache.spark.streaming.StreamingContext._
scala> val pairs = words.map(word => (word, 1))
scala> val wordCounts = pairs.reduceByKey(_ + _)
scala> wordCounts.print()
scala> ssc.start()
scala> ssc.awaitTermination()
```

注意，使用 Spark Streaming 时需要创建 StreamingContext 对象——类似于 Spark 初始化时创建的 SparkContext 对象。创建 StreamingContext 对象所需的参数与创建 SparkContext 对象所需的参数基本一致，包括指明 Master 与设定应用名称（如 NetworkWordCount）。

使用 Spark Streaming 时需要指定处理数据的批处理间隔，例如设置 Seconds(1)，这样 Spark Streaming 会以 1s 为批处理间隔划分流数据并处理。

使用 Spark Streaming 时还需要指明数据源，例如可以使 Spark Streaming 以套接字连接作为数据源，并在读取数据时创建 socketTextStream。

用户可以对从数据源得到的 DStream 进行各种操作。如上述代码所示，首先对当前窗口间隔内从数据源得到的数据进行分割，然后利用 map()和 reduceByKey()函数进行计算，最后使用 print()函数输出结果。

在启动 Spark Streaming 之前，程序并未真正连接数据源，也没有对数据进行任何处理，所有的步骤只是创建了执行流程，设定了所有的执行计划，只有当 ssc.start()启动后，程序才会真正开始执行操作。

7.2.3 实践操作

在本节中，我们将会编写 Spark Streaming 程序，分别监听文件流和套接字流，并显示监听的字符统计结果，步骤如下。

（1）编写 Spark Streaming 程序的基本步骤

1）创建输入 DStream 以定义输入源。

2）对 DStream 应用转换操作和输出操作来定义流计算。

3）通过 streamingContext.start()函数开始接收数据和处理流程。

4）通过 streamingContext.awaitTermination()函数等待处理结束（手动结束或因为错误而结束）。

5）通过 streamingContext.stop()函数手动结束流计算进程。

（2）启动 Spark

在任意路径下输入命令"pyspark"，启动 Spark。

（3）创建 StreamingContext 对象

由于进入 Spark 后，就已经获得一个默认的 SparkConext，因此可以通过如下方式创建 StreamingContext 对象。

```
>>> from pyspark import SparkContext
>>> from pyspark.streaming import StreamingContext
>>> ssc = StreamingContext(sc, 1)
```

在上述代码中，"1"表示每隔 1s 自动执行一次流计算，用户可以自定义时间间隔。

（4）循环监听

Spark 支持从文件系统读取数据以创建数据流。为了演示文件流的创建过程，我们需要在/tmp 目录下创建两个日志目录（/streaming 和/streaming/logfile），并在/streaming 中创建文件 log1.txt，文件内容如下。

```
I love Hadoop
I love Spark
Spark is fast
```

打开另一个终端窗口，启动 Spark，输入如下代码。

```
>>> from operator import add
>>> from pyspark import SparkContext
>>> from pyspark.streaming import StreamingContext
>>> ssc = StreamingContext(sc,20)
>>> lines = ssc.textFileStream('file:///tmp/streaming/logfile')
>>> words = lines.flatMap(lambda line:line.split(' '))
>>> wordCounts = words.map(lambda word:(word,1)).reduceByKey(add)
>>> wordCounts.pprint()
```

```
>>> ssc.start()
>>> ssc.awaitTermination()
```

将文件 log1.txt 复制到 logfile 目录下，终端会输出如下信息。

```
(u'love',2)
(u'I',2)
(u'is',1)
(u'Hadoop',1)
(u'fast',1)
(u'Spark',2)
```

输入 ssc.start()函数以后，程序会自动进入循环监听状态，此时屏幕上会显示信息，Spark Streaming 每隔 20s 监听一次。但是，监听程序只监听/streaming/logfile 目录下在程序启动后新增的文件，并不会处理历史文件。按 Ctrl+D 或者 Ctrl+C 组合键可以停止运行监听程序。

（5）监听套接字流

在进行接下来的操作前，我们需要先安装 Netcat（使用 TCP 协议或 UDP 协议的网络工具），它可以建立几乎任何类型的连接。首先在/tmp 目录下输入如下命令。

```
yum install -y nc
```

Spark Streaming 可以通过套接字端口监听并接收数据，之后进行相应处理。运行如下命令，向端口（如 9999）发送消息。

```
sudo nc -lk 9999
```

另打开一个终端以作为监听窗口，设置为每 5s 监听一次，代码如下。

```
>>> from __future__ import print_function
>>> import sys
>>> from pyspark import SparkContext
>>> from pyspark.streaming import StreamingContext
>>> ssc = StreamingContext(sc, 5)
>>> lines = ssc.socketTextStream('localhost', 9999)
>>> counts = lines.flatMap(lambda line: line.split(" ")).map(lambda word: (word,
1)).reduceByKey(lambda a, b: a+b)
>>> counts.pprint()
>>> ssc.start()
>>> ssc.awaitTermination()
```

在第一个窗口中可以接收数据，按 Enter 键结束输入，窗口接收的数据如下。

```
I love spark
```

监听窗口会输出如下内容。

```
(u'I', 1)
(u'spark', 1)
(u'love', 1)
```

（6）RDD 队列流

我们可以使用 streamingContext.queueStream()函数创建基于 RDD 队列的 DStream。首先打开一个终端，运行 Spark，然后输入如下代码。

```
>>> import time
>>> from pyspark import SparkContext
>>> from pyspark.streaming import StreamingContext
>>> ssc = StreamingContext(sc, 5)
>>> rddQueue = []
>>> for i in range(5):
...        rddQueue += [ssc.sparkContext.parallelize([j for j in range(1, 1001)], 10)]
...
>>> inputStream = ssc.queueStream(rddQueue)
>>> mappedStream = inputStream.map(lambda x: (x % 10, 1))
>>> reducedStream = mappedStream.reduceByKey(lambda a, b: a + b)
>>> reducedStream.pprint()
>>> ssc.start()
```

输出的统计信息如图 7-13 所示。

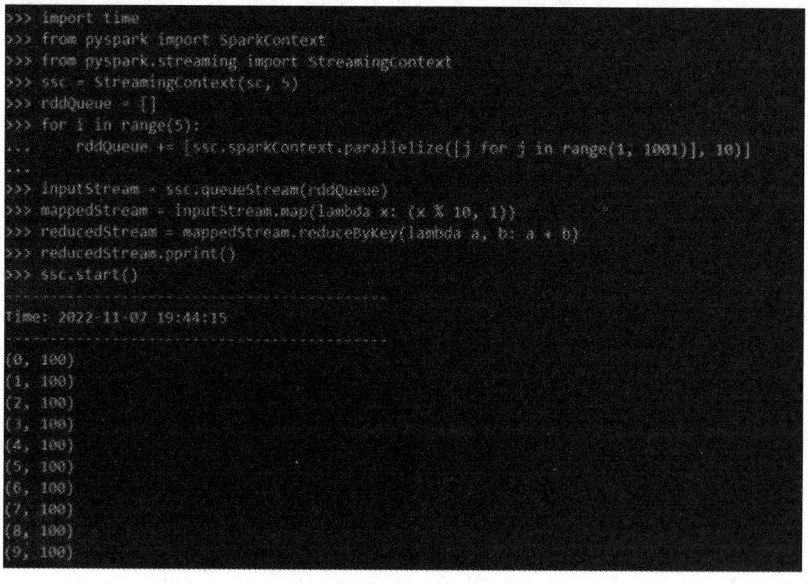

图 7-13　输出的统计信息

7.2.4　小结

本节不仅介绍了 Spark Streaming 的编程模型、核心特性，而且介绍了相关的实践操作。Spark Streaming 是 Spark API 的一个扩展，支持从多种数据源接收实时流数据，能够根据一定的时间间隔将数据分为多个批分片，然后使用 Spark 处理批数据，还可以将处理结果存储到文件系统。Spark Streaming 具有吞吐量高、容错性强的特点。

7.2.5 课后习题

（1）简述 Spark Streaming 的含义。

（2）简述 Spark Streaming 的工作原理。

（3）说明 Spark Streaming 的容错机制。

（4）按照 7.2.3 节的相关内容，在自己的计算机上完成实践操作。

7.3 Flink

Flink 是 Apache 软件基金会推出的开源大数据处理框架。目前它已经成为各大公司进行大数据实时处理的重要平台。国内的大型互联网公司也纷纷投入资源，为 Flink 社区贡献了大量源码，并将 Flink 视作大数据实时处理的未来。

在数据处理领域，批处理任务与实时流处理任务通常被视为两种不同的任务。很多数据项目被设计为只能处理其中一种任务，例如 Storm 对流处理任务支持较好，而 MapReduce 框架、Hive 则可以更好地支持批处理任务。

然而，Flink 是一个独特的开源计算框架，同时支持分布式实时流处理和批处理。基于同一个 Flink 运行时，Flink 能够提供流处理和批处理两种 API。这两种 API 是实现上层面向流处理和批处理类型应用框架的基础，为开发者提供了支持两种类型应用的功能。

在 Flink 中，批处理被视为一种特殊的流处理，唯一的区别在于批处理的输入数据流被定义为有界，这一设计使得 Flink 将流处理和批处理统一，实现了流批一体计算。

7.3.1 Flink 介绍

Flink 是一个流式的数据流执行引擎，专门用于对无界数据流和有界数据流进行有状态计算。Flink 的设计目标是在所有常见的集群环境中高效运行，以内存执行速度和任意的规模来执行计算。

虽然 Storm 提供低延迟的流处理，但是为了保证实时性也付出了一些代价，很难实现高吞吐量，而且正确性没有达到一般需求的水平。由于在低延迟和高吞吐的流处理系统中，保持良好的容错性较为困难，因此人们想到一种替代方法：将连续时间中的流数据分割成一系列微小的批量作业。这正是 Spark Streaming 所使用的方法。

Storm Trident 是对 Storm 的延伸，其底层流处理引擎采用微批处理方法，可以实现 exactly-one（确保不会漏传也不会重复传输，每条消息都传输一次且只被传输一次）语义，但是这一操作在延迟性方面付出了很大的代价。相比之下，Flink 不仅可以在避免上述弊端的同时提供所需的多项功能，而且能高效地处理连续事件流数据。

1. Flink 的技术栈

与 Spark 类似，Flink 也有 Flink Core（即 Runtime 层），用于统一支持流处理和批处理。Flink Core 是一个分布式流处理引擎，可以在本地、集群（Standalone 模式或 YARN 模式）、

云端进行部署。在 Flink Core 之上还有 Flink API 层，该层实现了面向流处理和批处理的
API。下面对 Flink 的组件进行介绍。

- DataSet API：用于对静态数据进行批处理操作，可以将静态数据抽象成分布式数据
  集。用户可以使用 Flink 提供的各种操作符对数据集进行处理。
- DataStream API：用于对数据流进行流处理操作，可以将流式数据抽象成分布式的
  数据流，同时提供了各种面向数据流的操作。
- Table API：用于对结构化数据进行查询操作，将结构化数据抽象成表，并使用类似
  SQL 的方法对关系表进行各种查询操作。

如图 7-14 所示，与 Spark 技术栈类似，Flink 针对特定领域提供专业支持，如 FlinkML
机器学习库和 Gelly 图计算库等。

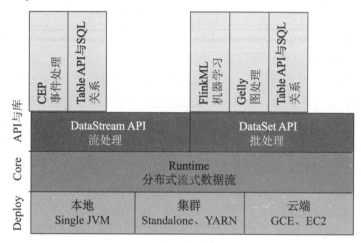

图 7-14 Flink 的技术栈

2. 流批一体

Flink 的初期设计同时支持批处理和流处理。在 Flink 1.12 版本之前，Flink 为批处理和
流处理提供了两套不同的 API，用户在使用时需要针对不同的 API 编写不同的代码，这在
一定程度上限制了 Flink 的灵活性。

流处理和批处理的对比如表 7-5 所示。

表 7-5 流处理和批处理的对比

对比项目	流处理	批处理
数据时效性	实时、低延迟	非实时、高延迟
数据特征	数据一般是动态的、没有边界	数据一般是静态的
应用场景	时效性要求较高的场景，如实时推荐、业务监控等	实时性要求不高的离线计算场景，如数据分析、离线报表等
运行方式	持续进行	一次性完成

在 Flink 1.12 版本之后，Flink 废弃了批处理模式的 API，而流处理模式 API 则可以兼
容批处理模式，这一操作使得 Flink 真正实现流批一体。这种统一方式有以下两点好处。

- 可复用性。作业可以在流处理和批处理这两种模式间自由切换，无须重写代码，还可以复用同一个作业来处理实时数据和历史数据。
- 维护简单。统一的 API 表明流处理和批处理可以共用连接器，维护同一套代码，简化维护流程。

对于有界的输入源，无论采用哪种模式，都能保证最终结果的一致性。Flink 的流处理模式会按照间隔输出中间结果，而批处理模式则是处理完毕后再输出。因此，最终结果的一致性是指在不考虑流模式中间结果输出的情况下，流处理模式在摄取完有界数据后，最终的输出结果和使用批处理模式时完全一致。

3. Flink 的数据类型

在 Flink 中，数据处理都是流处理，而批处理则被视为一种特殊的流处理。数据类型可分为有界流和无界流两种。

如图 7-15 所示，无界流定义了流的开始，但没有定义流的结束，无界流会无休止地产生数据，而且这些数据被获取后需要立刻进行处理。由于输入是无限的，因此不能等到所有数据都到达后再进行处理，而且在任何时候输入都不会完成。处理无界数据通常要求以特定顺序获取事件，例如事件发生的顺序，以便推断结果的完整性。

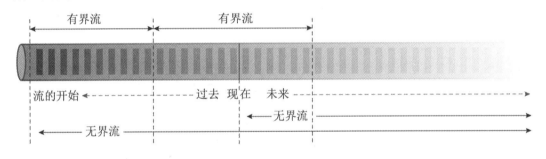

图 7-15　无界流和有界流

有界流定义了流的开始，也定义了流的结束。相比之下，有界流可以在获取所有数据后再进行计算。由于有界流中的所有数据都是有限的，因此可以进行排序，而不需要进行有序获取。

Flink 可同时实现批处理和流处理。当将 Flink 视为流处理时，输入数据流是无界的，而将批处理（即处理有限的静态数据）视为一种特殊的流处理，其输入被定义为有界数据流。

4. Flink 的基本架构

如图 7-16 所示，Flink 的基本架构主要包含 Client、JobManager 和 TaskManger 3 个部分。

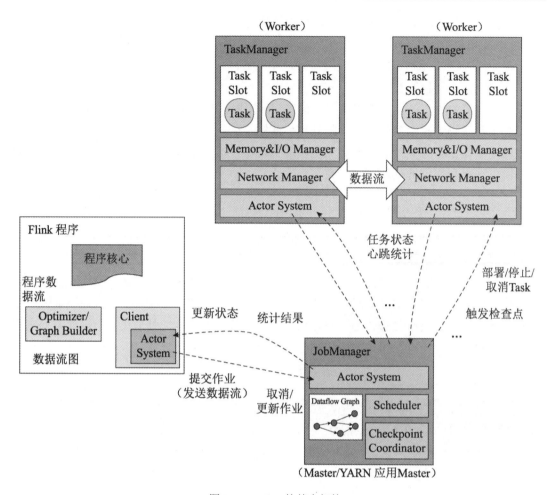

图 7-16　Flink 的基本架构

Flink 各部分说明如下。

- Client：提交 Flink 作业（Job）的机器被称为 Client。用户开发的代码会被构建为数据流图，并通过 Client 提交给 JobManager。

- JobManager：Flink 集群的主节点，也称为 Master，用于协调分布式执行。它负责调度协调检查点，处理协调失败时的恢复等。Flink 运行时至少存在一台 Master，如果配置为高可用模式，则可能存在多台 Master，其中一台是 Leader，其他都是 Standby（候补），功能类似于 YARN 中的 Resource Manager。JobManager 会将任务（Task）拆分并调度到 TaskManager 上面执行。

- TaskManager：它被称为 Worker 或 Slave，用于执行任务（或者特殊的子任务）、数据缓存和数据流的交换，Flink 运行时至少包含一台 Worker。Master 和 Worker 可以直接在物理机上启动，也可以通过类似 YARN 的资源调度框架启动，Worker 会连接到 Master，告知自身的可用性并获取任务。

当 Client 提交作业到 JobManager 时，需要与 JobManager 进行通信。Client 使用 Akka 框架（用 Scala 语言编写的库，可以在 JVM 平台上简化编写具有可容错的、高可伸缩性的

Actor 模型）或者库与 JobManager 进行通信，而 Client 与 JobManager 之间的数据交互则使用 Netty 框架（网络应用程序框架，支持快速地开发可维护的、高性能的、面向协议的服务器和客户端）。Akka 通信基于 Actor System，允许 Client 向 JobManager 发送命令，并使 JobManager 反馈信息给 Client。

Client 提交给 JobManager 的作业会被拆分为任务提交给 TaskManager。JobManager 与 TaskManager 之间的通信同样基于 Akka 框架。另外，TaskManager 之间的数据通过网络进行传输，在对数据流进行计算时，往往需要在 TaskManager 之间传递数据。

当 Flink 系统启动时，首先需要启动 JobManager 和一个或多个 TaskManager。JobManager 负责协调整个 Flink 系统，TaskManager 则负责执行并行程序。当系统以本地模式启动时，一个 JobManager 和一个 TaskManager 会在同一 JVM 中启动。当提交程序后，系统会创建一个 Client 并进行预处理。Client 可以将程序转变成并行数据流形式，并交给 JobManager 和 TaskManager。

在 Flink 中，并不是一个 Slot 只能执行一个任务，在某些情况下，一个 Slot 也可能执行多个任务。Flink 默认允许共享 Slot，即便是不同的任务，只要来自同一个作业即可。

共享 Slot 的好处有以下两点。

● 当作业的最高并行度与 Flink 集群的 Slot 数量相等时，就不需要计算总的 Task 数量。例如，最高并行度是 6 时，则只需要 6 个 Slot，各个子任务都可以共享这 6 个 Slot。

● 共享 Slot 可以优化资源管理。如图 7-17 所示，当非资源密集型的子任务不共享 Slot 时，会占用 6 个 Slot，而在共享的情况下，其他子任务也可以使用这 6 个 Slot，实现更有效的资源分配。

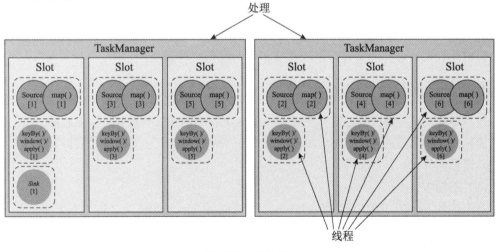

图 7-17　共享 Slot

7.3.2　技术对比

随着互联网和大数据技术的不断发展，实时计算框架也在推陈出新，向着高吞吐量、高可用性、低延迟、准实时的方向发展。对于实时计算，我们已经介绍了 3 个实时计算框架。在表 7-6 中，我们对这 3 个实时计算框架进行了比较，总结各个框架的优缺点，旨在为读者提供架构设计和技术选型方面的帮助。

表 7-6   3 个框架对比

对比项目	Storm	Spark Streaming	Flink
项目时间	2012 年开始流行	2014 年开始流行	2016 年开始流行
设计理念	事件驱动	流处理是批处理的特例	批处理是流处理的特例
时间语义	事件时间、处理时间	处理时间	事件时间、注入时间、处理时间
窗口	新版本支持滚动窗口和滑动窗口	滑动窗口、会话窗口	滚动窗口、滑动窗口、会话窗口
一致性	At-Least-Once，通过 Trident 可以实现 exactly-once	exactly-once	exactly-once
延迟	毫秒级	秒级	毫秒级
吞吐量	低	高	高
流批一体	不支持	支持	支持
开发难度	较难	较容易，提供多语言 API	容易，提供多语言 API 和 SQL
机器学习	不支持	支持（MLlib）	支持（FlinkML）
社区	不活跃	活跃	活跃

Flink 目前已经被广泛应用于各大互联网公司，成为业界实时计算的标准。在高吞吐量的复杂计算场景中，Spark Streaming 仍然具有优势。Storm 是最早流行的实时计算框架，由于开发维护较为复杂，功能相对简单，逐渐被其他框架取代。尽管新版本的 Storm 增加了对事件时间和窗口计算的支持，但成熟度和易用性仍有待提高。

7.3.3　实践操作

在本节中，我们将从批处理和流处理两个角度完成词频统计操作，体会 Flink 的这两种模式的异同。我们将通过 Linux 虚拟机执行命令 "nc -lk 7777"，向系统对应端口 7777 发送消息，模拟无界流，步骤如下。

（1）创建项目

首先打开 IntelliJ IDEA，创建 Maven 工程。然后在 pom.xml 文件中写入如下依赖。其中，<properties>标签表示可以设置的属性，<denpendencies>标签表示引入需要的依赖，包括 flink-java、flink-streaming-java、flink-clients。最后引入 slf4j 和 log4j，以便进行日志管理与查看。

```
<properties>
    <flink.version>1.13.0</flink.version>
    <java.version>1.8</java.version>
    <scala.binary.version>2.12</scala.binary.version>
```

```
        <slf4j.version>1.7.30</slf4j.version>
</properties>
<dependencies>
    <dependency>
        <groupId>org.apache.flink</groupId>
        <artifactId>flink-java</artifactId>
        <version>${flink.version}</version>
    </dependency>
    <dependency>
        <groupId>org.apache.flink</groupId>
        <artifactId>flink-streaming-java_${scala.binary.version}</artifactId>
        <version>${flink.version}</version>
    </dependency>
    <dependency>
        <groupId>org.apache.flink</groupId>
        <artifactId>flink-clients_${scala.binary.version}</artifactId>
        <version>${flink.version}</version>
    </dependency>
    <dependency>
        <groupId>org.slf4j</groupId>
        <artifactId>slf4j-api</artifactId>
        <version>${slf4j.version}</version>
    </dependency>
    <dependency>
        <groupId>org.slf4j</groupId>
        <artifactId>slf4j-log4j12</artifactId>
        <version>${slf4j.version}</version>
    </dependency>
    <dependency>
        <groupId>org.apache.logging.log4j</groupId>
        <artifactId>log4j-to-slf4j</artifactId>
        <version>2.14.0</version>
    </dependency>
</dependencies>
```

（2）配置日志文件

在目录 src/main/resources 下添加文件 log4j.properties，代码如下。

```
log4j.rootLogger=error, stdout log4j.appender.stdout=org.apache.log4j.Console
```

```
Appender log4j.appender.stdout.layout=org.apache.log4j.PatternLayout
log4j.appender.stdout.layout.ConversionPattern=%-4r [%t] %-5p %c %x - %m%n
```

（3）批处理

Flink 可以通过批处理的方式处理 WordCount 项目。我们将会创建文本文件，并写入要统计的文字内容，然后对该文件进行读取。

首先在工程的根目录下创建 input 文件夹，然后新建 words.txt 文件，在文件中写入如下内容。

```
hello world
hello flink
hello java
```

新建 Java 类 BatchWordCount，并在 main()函数中编写测试代码。基本思路为首先逐行读入文件数据，将每一行的文字拆分为单词，然后将单词分组，最终统计每组数据的个数（也就是对应单词的频次），代码如下。

```java
import org.apache.flink.api.common.typeinfo.Types;
import org.apache.flink.api.java.ExecutionEnvironment;
import org.apache.flink.api.java.operators.AggregateOperator;
import org.apache.flink.api.java.operators.DataSource;
import org.apache.flink.api.java.operators.FlatMapOperator;
import org.apache.flink.api.java.operators.UnsortedGrouping;
import org.apache.flink.api.java.tuple.Tuple2;
import org.apache.flink.util.Collector;
public class BatchWordCount {
public static void main(String[] args) throws Exception {
        //创建执行环境
        ExecutionEnvironment env = ExecutionEnvironment.getExecutionEnvironment();
        //从文件读取数据——按行读取（存储的元素就是每行的文本）
        DataSource<String> lineDS = env.readTextFile("input/words.txt");
        //转换数据格式
        FlatMapOperator<String, Tuple2<String, Long>> wordAndOne = lineDS
        .flatMap((String line, Collector<Tuple2<String, Long>> out) -> {
            String[] words = line.split(" ");
            for (String word : words) {
                out.collect(Tuple2.of(word, 1L));
            }
        })
            //当 Lambda 表达式使用 Java 泛型时，由于存在泛型擦除，需要
```

```
        显式声明类型信息
        .returns(Types.TUPLE(Types.STRING, Types.LONG));
        //按照单词进行分组
        UnsortedGrouping<Tuple2<String, Long>> wordAndOneUG =
        wordAndOne.groupBy(0);
        //分组统计数据个数
        AggregateOperator<Tuple2<String, Long>> sum = wordAndOneUG.sum(1);
        //输出结果
        sum.print();
    }
}
```

由于 Flink 提供 Java 和 Scala 两种编程语言的 API，因此可能会存在类名相同的情况。在引入包时，如果有 Java 版和 Scala 版两种，注意选用 Java 版的包。在上述代码中，我们使用了 3 个函数——flatMap()、returns()与 groupBy()，它们的作用如下。

- flatMap()函数可以对一行语句进行分词转换，在将文件中每一行语句拆分成单词后，转换成（word, count）形式的二元组，其中，count 的初始值为 1。
- returns()函数可以指定返回数据类型是 Flink 自带的二元组。
- groupBy()函数可用于分组，不能使用分组选择器，只能根据位置索引或属性名称进行分组。

输出结果如下。

```
(java, 1)
(flink, 1)
(world, 1)
(hello, 3)
```

此处选用的实现方式是基于批处理 API 的。由于 Flink 具有流批一体的特点，因此没有必要使用专门的 API 来实现代码。官方推荐的做法是使用流处理 API，即在提交任务时将执行模式设为"BATCH"来进行批处理，代码如下。

```
run -Dexecution.runtime-mode=BATCH BatchWordCount.jar
```

（4）流处理

对于流处理，我们同样以批处理中的 words.txt 文本文件为例，统计每个单词出现的频次。相关的代码基本相同。首先新建 Java 类 BoundedStreamWordCount，然后在 main()函数中编写如下测试代码。

```
import org.apache.flink.api.common.typeinfo.Types;
import org.apache.flink.api.java.tuple.Tuple2;
import org.apache.flink.streaming.api.datastream.DataStreamSource;
import org.apache.flink.streaming.api.datastream.KeyedStream;
import org.apache.flink.streaming.api.datastream.SingleOutputStreamOperator;
```

```
import org.apache.flink.streaming.api.environment.StreamExecutionEnvironment;
import org.apache.flink.util.Collector;
import java.util.Arrays;
public class BoundedStreamWordCount {
public static void main(String[] args) throws Exception {
        //创建流式执行环境
        StreamExecutionEnvironment env = StreamExecutionEnvironment.
getExecutionEnvironment();
        //读取文件
    DataStreamSource<String> lineDSS = env.readTextFile("input/words.txt");
        //转换数据格式
        SingleOutputStreamOperator<Tuple2<String, Long>> wordAndOne = lineDSS
            .flatMap((String line, Collector<String> words) -> {
            Arrays.stream(line.split(" ")).forEach(words::collect);
            })
            .returns(Types.STRING)
            .map(word -> Tuple2.of(word, 1L))
            .returns(Types.TUPLE(Types.STRING, Types.LONG));
            //分组
        KeyedStream<Tuple2<String, Long>, String> wordAndOneKS = wordAndOne
            .keyBy(t -> t.f0);
            //求和
        SingleOutputStreamOperator<Tuple2<String, Long>> result = wordAndOneKS
            .sum(1);
        //输出
        result.print();
        //执行
        env.execute();
    }
}
```

流处理与批处理的不同之处如下。

- 创建的上下文环境不同。流处理使用 StreamExecutionEnvironment，而批处理使用 ExecutionEnvironment。
- 每步处理后，得到的数据对象类型不同。
- 流处理分组操作调用的是 keyBy()函数。
- 流处理调用 env.execute()函数来执行任务。

输出结果如下。

3> (world,1)

```
2> (hello,1)
4> (flink,1)
2> (hello,2)
2> (hello,3)
1> (java,1)
```

批处理和流处理的输出结果完全不同。批处理只会输出一个最终的统计个数，而在流处理的输出结果中，单词每出现一次都会输出一个数据，这也证明了流处理有中间结果这一特性，例如在输出结果中我们可以清晰地观察到单词"hello"的频次逐步增加的过程。

（5）读取文本数据流

下面我们将模拟真正的无界流数据，通过监听数据发送端主机的指定端口，统计发送文本数据中出现的单词个数。首先新建 Java 类 StreamWordCount，代码如下。

```java
import org.apache.flink.api.common.typeinfo.Types;
import org.apache.flink.api.java.tuple.Tuple2;
import org.apache.flink.streaming.api.datastream.DataStreamSource;
import org.apache.flink.streaming.api.datastream.KeyedStream;
import org.apache.flink.streaming.api.datastream.SingleOutputStreamOperator;
import org.apache.flink.streaming.api.environment.StreamExecutionEnvironment;
import org.apache.flink.util.Collector;
import java.util.Arrays;
public class StreamWordCount {
public static void main(String[] args) throws Exception {
//创建流式执行环境
StreamExecutionEnvironment env = StreamExecutionEnvironment.
getExecutionE nvironment();
//读取文本数据流
DataStreamSource<String> lineDSS = env.socketTextStream("hadoop102",7777);
        //转换数据格式
        SingleOutputStreamOperator<Tuple2<String, Long>> wordAndOne = lineDSS
        .flatMap((String line, Collector<String> words) -> {
            Arrays.stream(line.split(" ")).forEach(words::collect);
        })
        .returns(Types.STRING)27
        .map(word -> Tuple2.of(word, 1L))
        .returns(Types.TUPLE(Types.STRING, Types.LONG));
        //分组
        KeyedStream<Tuple2<String, Long>, String> wordAndOneKS = wordAndOne.
        keyBy(t -> t.f0);
```

```
//求和
SingleOutputStreamOperator<Tuple2<String, Long>> result = wordAndOneKS.sum(1);
        //输出
        result.print();
        //执行
        env.execute();
    }
}
```

在上述代码中，env.socketTextStream()函数指明了主机和端口号。在运行该程序时，我们还需要打开大数据集群，通过 Netcat 工具模拟无界数据流，并在 7777 端口上发送如下数据。

```
Hello Flink
Hello World
Hello Java
```

输出结果如下。

```
4> (flink,1)
2> (hello,1)
3> (world,1)
2> (hello,2)
2> (hello,3)
1> (java,1)
```

7.3.4   小结

Flink 是一个开源大数据处理框架，目前已经成为 Apache 软件基金会的顶级项目。Flink 在 1.12 版本之后废弃了批处理模式的 API，将有界的静态数据视作一种特殊的流，流处理模式 API 可以兼容批处理模式，真正实现了流批一体。无论是 Spark 还是 Flink，它们都基于内存运行机器学习算法，可以保证非常快的运行速度。

本节介绍了 Flink 的技术栈、流批一体、数据类型和基本架构等知识，读者可通过实践操作批处理和流处理词频统计项目，练习 Flink 项目开发能力。

7.3.5   课后习题

（1）什么是无界流？

（2）什么是有界流？

（3）JobManager 在集群中的主要功能是什么？

（4）说明共享 Slot 的好处。

（5）按照 7.3.3 节的相关内容，在自己的计算机上完成实践操作。

第8章

OLAP数据分析

在前端交互过程中，用户会产生各种行为数据。为了实现对业务的快速响应和支持，针对产品和业务功能需要一个直接与之进行交互的数据库。OLTP 是一种以事务元作为数据处理单位、人机交互的计算机应用系统。它能对数据进行实时更新或其他操作，确保系统内的数据始终处于最新状态。

面对数量巨大且复杂的查询操作，服务端的开发者担心大量查询可能导致数据库崩溃，从而影响线上业务。因此，在经过初期的市场验证后，企业开始寻求未来的发展方向。由于直接从业务数据库获取数据存在一些限制，因此数据仓库的概念应运而生。

数据仓库是一个独立于业务数据库的数据存储体系，OLAP 是数据仓库系统的主要应用，能够支持复杂的分析操作。与数据库的线上业务不同，数据仓库侧重于分析决策，提供直观的数据查询结果。

本章将会介绍 3 种 OLAP 数据分析工具，它们分别是 Pig、Hive 和 Spark SQL。

8.1 Pig

Pig 最初是 Yahoo 公司基于 Hadoop 的并行处理架构开发的，后来 Yahoo 公司将 Pig 捐赠给了 Apache 软件基金会，并由其负责维护。Pig 旨在为复杂的海量数据并行计算提供简易的操作和编程接口。

8.1.1 Pig 介绍

Pig 是 Hadoop 生态环境下用于检索和分析较大数据集的工具，它提供了一种称为 Pig Latin 的高级语言——一种基于 MapReduce 的高级查询语言。通过使用该语言，开发人员可以自行开发功能来读取、写入和处理数据。

Pig 有两种运行模式，分别为 Local 模式和 MapReduce 模式。

1. 执行流程

在执行特定任务时，开发人员首先使用 Pig Latin 语言编写 Pig 脚本，然后 Pig 会将这些脚本转换为一系列 MapReduce 作业。执行流程如图 8-1 所示。

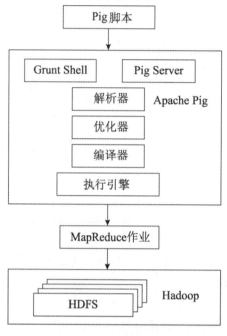

图 8-1　Pig 的执行流程

Pig 的部分组件介绍如下。

- 解析器（Parser）：最初，Pig 脚本由解析器处理，该解析器能够对脚本的语法和类型等进行检查。解析器的输出结果是 DAG（Directed Acyclic Graph，有向无环图）。在 DAG 中，脚本的逻辑运算符表示为节点，数据流表示为边。
- 优化器（Optimizer）：将 DAG 传递到逻辑优化器，由逻辑优化器执行投影、下推等逻辑优化操作。
- 编译器（Compiler）：编译器将经过优化的逻辑计划编译为一系列 MapReduce 作业。
- 执行引擎（Execution Engine）：负责将 MapReduce 作业顺序提交到 Hadoop，最终得到所需的结果。

2. 功能与特性

在实际开发中，将数据处理要求改写成 MapReduce 模式是很复杂的，因为即使是微小的改动也可能导致需要重新编译整个作业。Pig 在这方面发挥了重要作用，极大地降低了开发难度，同时提供了丰富的数据结构，包括多值和嵌套的数据结构，以及强大的数据交换操作。

Pig 的特性如下。

- 丰富的运算符集：Pig 提供多种运算符，可用于执行连接、排序、筛选等操作。
- 易于编程：Pig Latin 语言与 SQL 相似，因此熟悉 SQL 的开发者可以轻松编写 Pig 脚本。
- 自动优化：Pig 中的任务会自动优化执行。

- 可扩展性：用户可以开发自己的函数来读取、处理和写入数据。
- 数据处理：Pig 可以分析结构化数据和非结构化数据，并将结果存储在 HDFS 中。

作为 Pig 的开发者，Yahoo 公司使用 Pig 分析用户的行为日志数据，改进排名算法以提高检索和业务质量。但是 Pig 并非在所有情景下都是最佳选择，如果查询只涉及大型数据集的一小部分，那么 Pig 的性能可能会受到一定影响。

在程序员的日常开发中，SQL 是一个不可或缺的工具。然而大数据的兴起给 SQL 的性能带来了更大的挑战。

Pig 在 SQL 的基础上进行了如下两点改进。

- 放宽了对数据存储的要求。
- 可以操作大型数据集。

Pig 还支持 map、tuple、bag 等复合数据类型和常见的 SQL 操作，例如排序、筛选等。

8.1.2　Pig Latin 语言介绍

在本节中，我们将介绍 Pig Latin 语言的基础知识，如数据类型、运算符等。

Pig Latin 语言综合了 SQL 和 MapReduce 的优点，既具备 SQL 的灵活可变性，又融合了过程式语言的数据流特点。

1. 数据类型

Pig 以类似于 SQL 的方式处理空值。在 Pig 中，NULL 可以是未知值或不存在的值，它作为可选值的占位符，可以自然地出现或作为操作的结果。

表 8-1 列举了 Pig Latin 语言的数据类型。

表 8-1　Pig Latin 语言的数据类型

数据类型	说明和示例
int	表示有符号的 32 位整数。示例：7
long	表示有符号的 64 位整数。示例：7L
float	表示有符号的 32 位浮点数。示例：7.7F
double	表示 64 位浮点数。示例：17.7
chararray	表示 Unicode UTF-8 格式的字符数组（字符串）。示例：'Pig'
bytearray	表示字节数组
boolean	表示布尔值。示例：true/false
datetime	表示日期时间。示例：1970-01-01T00:00:00.000 + 00:00
biginteger	表示 Java bigInteger（可以用于处理大数）。示例：67778797779
bigdecimal	表示 Java bigDecimal（高精度的数据类型，比如 int、double 等类型提供更高的精度和范围）。示例：185.98376256272893883
tuple	表示有序的字段集，即元组。示例：（Tom, 30）
Bag	表示元组的集合，即包。示例：{（Tom, 30），（Jack, 45）}
map	表示一组键值对。示例：['name' # 'Raju', 'age' # 30]

2. 运算符

表 8-2 展示了 Pig Latin 语言的算术运算符。假设 a=10，b=20。

表 8-2　Pig Latin 语言的算术运算符

运算符	说明和示例
+	加法。示例：a+b 将得出 30
-	减法。示例：a-b 将得出-10
*	乘法。示例：a*b 将得出 200
/	除法。示例：b/a 将得出 2
%	用运算符右边的数除左边的数并返回余数。示例：b%a 将得出 0
? :	评估布尔运算符。示例："b =（a == 1）? 20:30"，表示如果 a 等于 1，则 b 的值为 20；如果 a 不等于 1，则 b 的值为 30

表 8-3 展示了 Pig Latin 语言的比较运算符。

表 8-3　Pig Latin 语言的比较运算符

运算符	说明和示例
==	检查两个数的值是否相等。示例：（a == b）不为 true
!=	检查两个数的值是否相等。如果值不相等，则条件为 true。示例：（a！= b）为 true
>	检查左边数的值是否大于右边数的值。 如果大于，则条件变为 true。示例：（a> b）不为 true
<	检查左边数的值是否小于右边数的值。 如果小于，则条件变为 true。示例：（a<b）为 true
>=	检查左边数的值是否大于或等于右边数的值。如果大于或等于，则条件变为 true。示例：（a>=b）不为 true
<=	检查左边数的值是否小于或等于右边数的值。如果小于或等于，则条件变为 true。示例：（a<=b）为 true
matches	检查左侧的字符串是否与右侧的常量匹配。示例：f1 matches '.* tutorial.*'

表 8-4 展示了 Pig Latin 语言的关系运算符。

表 8-4　Pig Latin 语言的关系运算符

运算符	描述
LOAD	将数据从文件系统（本地/ HDFS）加载到关系（关系是 Pig Latin 语言的数据模型的最外层结构）中
STORE	将数据从文件系统（本地/ HDFS）存储到关系中
FILTER	从关系中删除不需要的行
DISTINCT	从关系中删除重复行
FOREACH GENERATE	基于数据列生成数据转换

运算符	描述
STREAM	使用外部程序转换关系
JOIN	连接两个或多个关系
COGROUP	将数据分组为两个或多个关系
GROUP	将数据按照指定的字段进行分组
CROSS	计算两个或更多关系的笛卡儿积
ORDER	基于一个或多个字段按升序或降序排列关系
LIMIT	从关系中获取有限数量的元组
UNION	将两个或多个关系合并为单个关系
SPLIT	将单个关系拆分为两个或多个关系
DUMP	在控制台上输出关系的内容
DESCRIBE	描述关系的模式
EXPLAIN	查看逻辑、物理或 MapReduce 执行计划和计算关系
ILLUSTRATE	查看一系列语句的分步执行情况

8.1.3　Pig 的安装与配置

由于 Hadoop 和 Java 是运行 Pig 所必备的，因此在安装 Pig 之前应先安装它们。

下面进行 Pig 的安装与配置，步骤如下。

（1）下载安装包

从 Apache 软件基金会的官网下载 Pig 安装包。如图 8-2 所示，本书选择的版本是 Pig-0.16.0。

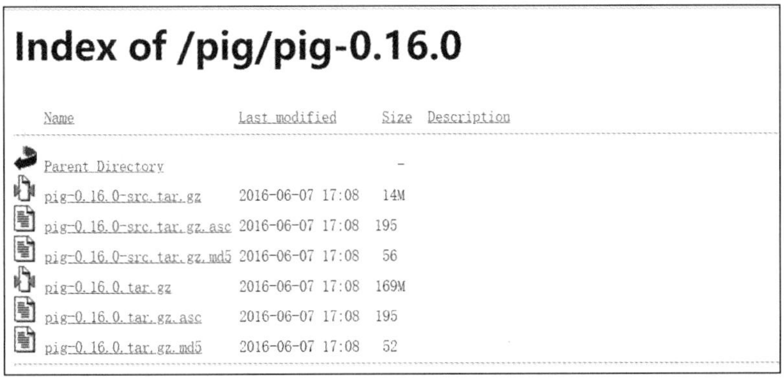

图 8-2　下载 Pig 安装包

将下载好的 Pig 安装包上传到 Master 的/tmp 目录下，并使用如下命令将压缩包进行解压。

```
tar zxvf pig-0.16.0.tar.gz
```

在/usr 目录下创建文件夹 pig，并将 pig-0.16.0 目录下的内容移动到刚刚创建的 pig 目录，代码如下。

```
mkdir pig
mv pig-0.16.0/* /usr/pig/
```

（2）配置环境变量

安装完 Pig 后，需要配置环境变量，输入如下命令，对配置文件进行编辑。

```
vi /etc/profile
```

在配置文件中追加如下内容，并执行命令"source etc/profile"使配置生效。

```
export PIG_HOME=/usr/pig
export PATH=$PATH:$PIG_HOME/bin
```

（3）验证安装结果

输入命令"pig -version"，如果可以正确输出 Pig 版本信息，如"Apache Pig version 0.16.0"，则证明安装正确。

8.1.4 实践操作

本节将介绍 Pig 的基本数据处理方法，包括多维度组合下的平均值计算与数据行数统计等。

（1）多维度组合下的平均值计算

为了加深对 Pig 基本数据处理流程的了解，以如下数据为例，假设存在数据文件 a.txt（数据之间以 Tab 键分隔）。

```
a 1 2 3 4.2 9.8
a 3 0 5 3.5 2.1
b 7 9 9 - -
a 7 9 9 2.6 6.2
a 1 2 5 7.7 5.9
a 1 2 3 1.4 0.2
```

目标是计算第 2、3、4 列所有组合的情况下，对应行最后两列数据的平均值。例如，第 2、3、4 列有一个组合为（1，2，3），即第一行数据和最后一行数据。对这个组合来说，最后两列数据的平均值分别为：

$$（4.2+1.4）/2=2.8$$
$$（9.8+0.2）/2=5.0$$

组合（7，9，9）有两行记录（第 3、4 行），但是第 3 行记录的最后 2 列没有数据，因此它不应该被用于平均值的计算，也就是说，在计算平均值时，第 3 行记录是无效数据。所以（7，9，9）组合最后两列数据的平均值为 2.6 和 6.2。下面使用 Pig 计算，输出每个组合的平均值结果。

输入命令"pig-x local"进入本地调试模式，然后输入如下代码。

```
> A=LOAD 'a.txt' AS (col1:chararray, col2:int, col3:int, col4:int, col5:double, col6:double);
> B =GROUP A BY(col2, col3, col4);
> C = FOREACH B GENERATE group,AVG(A.col5),AVG(A.col6);
> DUMP C;
```

Pig 输出结果如下。

```
((1,2,3),2.8,5.0)
((1,2,5),7.7,5.9)
((3,0,5),3.5,2.1)
((7,9,9),2.6,6.2)
```

下面对上述代码进行分析。

1）加载 a.txt 文件，并指定每一列数据的数据类型分别为 chararray（字符串）、int（整型）、int（整型）、int（整型）、double（浮点数）、double（浮点数）。同时定义每一列的别名，分别为 col1 至 col6。如果不定义别名，那么之后就只能使用索引（$0，$1，…）来标识相应的列，会影响代码的可读性。因此，在列固定的情况下，定义别名是更好的选择。待数据加载完成后，将其保存到 A 中，A 的数据结构如下。

```
A: {col1: chararray,col2:int,col3:int,col4:int,col5:double,col6:double}
```

A 是一个包（Bag），与 a.txt 文件的内容完全相同，类似于二维表的数据。

2）根据 A 的第 2、3、4 列，对 A 进行分组。Pig 能够找出所有 2、3、4 列的组合，并按照升序进行排列，然后将它们与对应的包 A 进行整合，得到如下数据结构。

```
B:{group:(col2:int,col3:int,col4:int),
A:{col1:chararray,col2:int,col3:int,col4:int,col5:double,col6:double}}
```

A 的第 2、3、4 列的组合被 Pig 定义了一个别名 group。同时我们观察到 B 的每一行实际上是由一个 group 和若干个 A 组成的，可表示为如下内容。

```
((1,2,3),{(a,1,2,3,4.2,9.8),(a,1,2,3,1.4,0.2)})
((1,2,5),{(a,1,2,5,7.7,5.9)})
((3,0,5),{(a,3,0,5,3.5,2.1)})
((7,9,9),{(b,7,9,9,,),(a,7,9,9,2.6,6.2)})
```

观察以上内容能够发现，组合（1，2，3）与组合（7，9，9）都对应了两行数据。

3）计算每一种组合最后两列的平均值。根据得到的数据 B，我们可以把 B 想象成一行一行的数据，FOREACH 命令的作用是对 B 中的每一行数据进行遍历，同时完成计算。

GENERATE 命令则用于指定生成的数据的结构，在该过程中，group 是上一步操作中 B 的第一项数据（即 Pig 为 A 的第 2、3、4 列组合定义的别名），这意味着在数据集 C 中，每行的第一项都是 B 中的组合——类似于（1，2，5）。

而 AVG(A.col5)则是调用了 Pig 的求平均值函数 AVG，用于计算 A 中名为 col5（倒数第二列）的列的平均值。在遍历 B 的每一行时，由于一个组合对应的是若干个 A，因此 A.col5 实际上代表了 B 的每一行中的 A 的第五列。以 B 的第一行为例，具体如下。

$$((1,2,3),\{(a,1,2,3,4.2,9.8),(a,1,2,3,1.4,0.2)\})$$

遍历到 B 的第一行时，要计算 AVG(A.col5)，Pig 会找到(a,1,2,3,4.2,9.8)中的 4.2，以及

(a,1,2,3,1.4,0.2)中的 1.4，相加除以 2，得到平均值。

对于(7,9,9)这个组合，它对应的数据(b,7,9,9,,)里最后两列是无值的，这是因为数据文件对应位置上不是有效数字，而是两个"-"，Pig 在加载数据的时候会自动将其置为空，并且在计算平均值的时候，也会将这组数据忽略。C 的数据结构如下。

C:{group:(col2:int,col3:int,col4:int),double,double}

4）DUMP 命令能够将 C 中的数据输出到控制台。如果要输出到文件，需要输入如下命令。

STORE C INTO 'output';

这样 Pig 就会在当前目录下新建一个 output 目录（需确保 output 目录之前不存在），并把结果文件存储至该目录下。相比于用 Java 或 C++写一个 MapReduce 程序，可能其程序编译所需要的时间已经远超这段 Pig 代码的执行时间了。

（2）数据行数统计

假设要计算数据文件 a.txt，文件内容如下。

```
a 1 2 3 4.2 9.8
a 3 0 5 3.5 2.1
b 7 9 9 - -
a 7 9 9 2.6 6.2
a 1 2 5 7.7 5.9
a 1 2 3 1.4 0.2
```

首先需要统计 A 中含 col2 字段的数据行数，命令如下。

```
> A = LOAD 'a.txt' AS (col1:chararray, col2:int, col3:int, col4:int, col5:double, col6: double);
> B = GROUP A ALL;
> C = FOREACH B GENERATE COUNT(A.col2);
> DUMP C;
```

输出结果如下，表明有 6 行数据。

（6）

在本例中，统计 COUNT(A.col2)和 COUNT(A)的结果相同，但是如果 col2 列中含有空值，如下所示，则输出结果将为 5。

```
a 1 2 3 4.2 9.8
a   0 5 3.5 2.1
b 7 9 9 - -
a 7 9 9 2.6 6.2
a 1 2 5 7.7 5.9
a 1 2 3 1.4 0.2
```

因为在加载数据时指定了 col2 的数据类型为 int，而 a.txt 文件的第二行数据是空的，所以数据加载到 A 以后，有一个字段为空。在进行 COUNT 操作的时候，空字段不会被计入在内，因此结果是 5。

（3）FLATTEN 操作符

下面以 a.txt 数据文件为例说明 FLATTEN 操作符的用法，文件内容如下。

```
a 1 2 3 4.2 9.8
a 3 0 5 3.5 2.1
b 7 9 9 - -
a 7 9 9 2.6 6.2
a 1 2 5 7.7 5.9
a 1 2 3 1.4 0.2
```

首先计算多维度组合下最后两列的平均值。

```
> A = LOAD 'a.txt' AS (col1:chararray, col2:int, col3:int, col4:int, col5:double,  col6:double);
> B = GROUP A BY(col2, col3, col4);
> C = FOREACH B GENERATE group,AVG(A.col5),AVG(A.col6);
> DUMP C;
```

输出结果如下。

```
((1,2,3),2.8,5.0)
((1,2,5),7.7,5.9)
((3,0,5),3.5,2.1)
((7,9,9),2.6,6.2)
```

在输出结果中，每一行的第一项是一个元组。下面介绍 FLATTEN 的使用方法，代码如下。

```
> A = LOAD'a.txt' AS (col1:chararray, col2:int, col3:int, col4:int, col5:double, col6:double);
> B = GROUP A BY (col2, col3, col4);
> C = FOREACH B GENERATE FLATTEN(group), AVG(A.col5), AVG(A.col6);
> DUMP C;
```

输出结果如下。

```
(1,2,3,2.8,5.0)
(1,2,5,7.7,5.9)
(3,0,5,3.5,2.1)
(7,9,9,2.6,6.2)
```

原本作为元组的组合经过 FLATTEN 操作符处理后，变成了扁平的结构（没有嵌套）。根据 Pig 的官方文档，FLATTEN 操作符专门用于解嵌套元组和包，因此就得到了上面的结果。有时不解嵌套的数据结构是不利于观察的，也不利于外围程序的处理（例如 Pig 将数据输出到磁盘后，还需要用其他程序做后续处理，而对一个元组来说，输出的内容里是包含括号的，会在处理流程上增加去括号的工序）。

8.1.5　小结

本节介绍了 Pig 的执行流程、功能和特性，并与 SQL 进行了对比。Pig Latin 语言是 Pig

的数据分析语言，读者需要掌握 Pig Latin 语言的基础知识，例如数据类型、运算符等，并通过实践操作掌握 Pig 的基本用法，加强对 Pig 的理解。

8.1.6　课后习题

（1）简述 Pig 的执行流程。

（2）Pig 对 SQL 在哪些方面进行了改进？

（3）在 Pig 架构中，优化器和编译器的作用分别是什么？

（4）按照 8.1.3 节和 8.1.4 节的相关内容，在自己的计算机上完成 Pig 的安装与配置，并完成实践操作。

8.2　Hive

Hive 是由 Facebook 公司（现 Meta 公司）开源的一个数据仓库工具，旨在解决海量结构化日志数据统计方面的问题。Hive 构建在 Hadoop 之上，可以对数据进行提取、转换、装载操作，还可以将结构化的数据文件映射为表，并提供类似 SQL 的查询功能。Hive 的核心原理是将 HQL（Hive Query Language，Hive 查询语言）转化为 MapReduce 程序，并通过 MapReduce 运算框架生成运算结果。

与 MapReduce 框架类似，Hive 只支持批处理任务，并不直接支持流处理任务，尽管它能够完成海量数据的批处理工作，但由于数据查询存在比较大的延迟，因此更适用于非实时的离线计算。

8.2.1　数据仓库介绍

数据仓库是一个存储大量数据的集合，可用于对多种业务数据进行筛选与整合，解决了数据存储和快速提取的问题。

数据仓库本身不产生任何数据，而是从外部系统获取数据。数据仓库也不需要处理任何数据，而是为外部应用提供可用的数据。

1. 主要特征

数据仓库有 4 个主要特征，分别是面向主题、集成性、非易失性和时变性。

- 数据仓库中的数据都是按照一定的主题进行组织的。主题是一个抽象概念，表示对高层次的数据综合、归类与分析的抽象。基于主题的数据在数据仓库中被划分为独立的域，彼此互不交叉，在抽象层次上对数据进行了完整、一致和准确的描述。图 8-3 展示了保险行业数据仓库的主题划分，其中包含互不交叉的 3 个主题。
- 集成性是指在数据进入数据仓库之前，将分散在各个系统中并与主题相关的数据进行统一与综合。这个过程涉及数据的 ETL（Extract-Transform-Load，抽取-转换-装载）操作。如图 8-4 所示，人寿险、财险、车险、养老险等保险数据与承保主题相关，需要进行汇总。

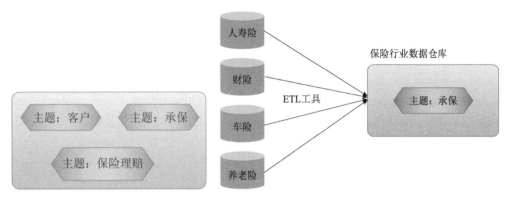

图 8-3　保险行业数据仓库主题划分　　　　　图 8-4　数据集成

- 非易失性是指数据进入数据仓库后，非常稳定且不会因外部系统的改变而发生变化。
- 时变性是指业务发生变化可能导致分析结果失去时效性。数据仓库中的数据需要随着时间不断更新，以满足决策的需要。

2. 数据仓库与数据库

数据库的主要任务是执行联机事务和查询处理，这种系统被称为 OLTP 系统，它涵盖了大部分日常操作，如数据的插入、更新和删除等。

数据仓库则以特定的主题组织数据，为用户在数据分析和决策方面提供服务，这种系统被称为 OLAP 系统。

OLTP 和 OLAP 的区别主要体现在以下几个方面。

（1）数据处理的内容不同

OLTP 的处理内容主要是记录或记录中的字段，无法用于决策。

OLAP 则能够管理表、多表甚至整个数据库，如对某公司一年的销售数据进行全面管理。

（2）面向的用户对象不同

OLTP 面向那些希望进行数据库事务处理和查询的用户。

OLAP 则面向决策者，为其提供数据分析功能。

8.2.2　Hive 介绍

对于已经具备 SQL 基础的专业人士而言，Hive 的使用方式非常方便。Hive 将 HiveQL 查询语句转换成一系列 MapReduce 作业，在 Hadoop 上执行并返回结果。尽管 Hive 为临时分析查询和大数据集处理提供了接口，但由于其不支持低延迟或者实时查询，因此仅查询很小的数据集就可能需要花费几分钟。但是 Hive 的设计重点并非低响应时间，而是注重良好的可扩展性和易用性。

1. 执行流程

Hive 的执行流程如图 8-5 所示。首先前端将查询请求发送给驱动器（Driver），再经由驱动器传递给编译器（Compiler），后者会对查询进行解析并将元数据请求发送到元数据库，然后元数据库会将数据发送给编译器，编译器会检查需求并将执行计划重新发送给驱动器。之后驱动器会把执行计划发送给执行引擎（Execution Engine），并由 MapReduce 进行数据计算。执行引擎会从数据节点（Data Node）获取结果集，然后将其发送给驱动器，最终，输出结果会经驱动器返给用户。

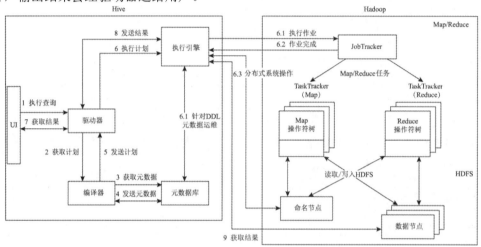

图 8-5　Hive 的执行流程

2. 运行架构

如图 8-6 所示，Hive 的架构是建立在 Hadoop 的 MapReduce 之上的。

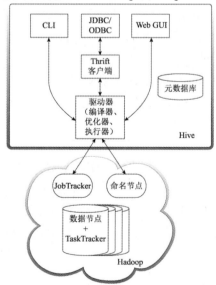

图 8-6　Hive 的运行架构

Hive 提供的用户接口有 3 个——CLI（Command Line Interface，命令行界面）、JDBC/ODBC（Jave Database Connectivity/Open Database Connectivity，Java 数据库连接标准/开放的数据库连接标准）和 Web GUI（Web Graphical UserInterface，基于 Web 的图形用户界面），简介如下。

- CLI 是一种交互式的命令行工具。
- JDBC/ODBC 是面向对象的应用程序接口，建立在 Thrift 客户端之上，通过它可访问各类关系型数据库。
- 用户可以使用 Web GUI，通过浏览器访问 Hive 提供的服务。

Hive 的元数据存储在关系型数据库（如 Derby 或 MySQL）中。由于元数据对于 Hive 十分重要，因此 Hive 支持将元数据库服务独立安装到远程服务器集群中，这一做法解耦了 Hive 服务和元数据库服务，有助于确保 Hive 的健壮性。驱动器（Driver）组件包括编译器（Compiler）、优化器（Optimizer）和执行器（Executor），其作用是解析和编译优化 HiveQL 语句，生成执行计划，并由 MapReduce 进行计算。

3. 部署模式

Hive 的部署模式有 3 种，包括本地模式、内嵌模式和远程服务模式，简介如下。

（1）本地模式

本地模式用于处理小数据量任务，通过单机执行，具有执行速度快的优势，可以避免因数据量太小导致启动时间超过处理时间的问题。

Hive 内置了 Derby 数据库，因为有默认的表结构和默认的数据库，所以在首次启动时需要进行数据初始化。

如图 8-7 所示，Hive 的元数据服务模块通过接口与存储在 Derby 中的元数据库进行交互。

图 8-7　元数据服务模块通过接口与元数据库交互

（2）内嵌模式

如图 8-8 所示，Hive 的内嵌模式使用外部数据库来存储元数据，支持多种数据库，如 MySQL、Oracle 等。内嵌模式是 Hive 最常用的模式。

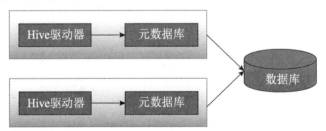

图 8-8　使用外部数据库来存储元数据

（3）远程服务模式

如图 8-9 所示，远程服务模式也称为多用户模式，用于非 Java 客户端访问元数据库。

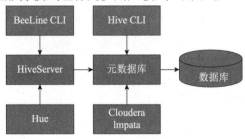

图 8-9   远程服务模式

如果存在多个 Hive 客户端（在图 8-9 中，BeeLine CLI 是一种 Hive 客户端工具），那么每个客户端都安装数据库服务可能会造成冗余和浪费，此时可以将数据库独立出来，将每个客户端连接到元数据库服务，元数据保存在独立的远端数据库服务中。

4. 数据类型

Hive 支持基本数据类型与复杂数据类型。基本数据类型包括 int（数值型）、boolean（布尔型）和 string（字符串）等，如表 8-5 所示。

表 8-5   基本数据类型

类型	描述	示例
tinyint	1 字节（8 位）有符号整数	1
smallint	2 字节（16 位）有符号整数	1
int	4 字节（32 位）有符号整数	1
bigint	8 字节（64 位）有符号整数	1
float	4 字节（32 位）单精度浮点数	1.0
double	8 字节（64 位）双精度浮点数	1.0
boolean	true/false	true
string	字符串	'xia'、"xia"

由于 Hive 是用 Java 语言开发的，从表 8-5 可以看出，Hive 和 Java 的基本数据类型是一一对应的。

复杂数据类型包括 array（数组）、map（映射）和 struct（结构体），如表 8-6 所示。

表 8-6   复杂数据类型

类型	描述	示例
array	一组有序字段。字段的类型必须相同	Array(1,2)
map	一组无序的键值对。键的类型必须是基础数据类型，值可以是任何类型，同一个 map 的键的类型必须相同，值的类型也必须相同	Map('a', 1, 'b', 2)
struct	一组命名的字段。字段的类型可以不同	Struct('a', 1, 1, 0)

8.2.3　技术对比

1. Hive 与 HBase

在大数据技术生态当中，Hive 和 HBase 都是非常重要的组件，它们的区别如下。

- 应用场景：HBase 是一款 NoSQL 数据库，主要适用于海量数据（十亿级、百亿级）的随机实时查询，如日志明细、交易清单、轨迹行为等。Hive 通过 HiveQL 语句来处理和分析数据，主要适用于离线的批量数据分析。
- 数据分析：Hive 不仅可以将 HiveQL 查询转换为 MapReduce 作业，还能够将查询转换为 Spark 作业。HBase 作为支持查询的数据管理器，并不能用于分析查询，因为它没有专用的查询语言。
- 数据格式：Hive 中的表是纯逻辑表，本身并不存储数据，完全依赖 HDFS 和 MapReduce 将结构化的数据文件映射为一张数据库表。而 HBase 的表是物理表，适合存放非结构化数据。
- 处理模式：MapReduce 基于行的模式处理数据，而 HBase 则基于列的模式处理数据。HBase 的表是疏松型的，允许用户为行定义各种不同的列，而 Hive 的表是稠密型的，每一行存储固定列数的数据。
- 处理时效：Hive 使用 Hadoop 进行数据分析，而 Hadoop 系统是批处理系统，不能保证解决处理的低延迟问题，而 HBase 是实时系统，支持实时查询。

2. Hive 与 Pig

Hive 和 Pig 都是用于数据分析的工具，可以简化 MapReduce 程序的开发。
它们的不同点如下。

- Hive 只能分析结构化数据。这是因为 Hive 的数据模型是表结构，没有数据存储引擎，用户在创建表时需要指定分隔符。Pig 的数据模型是包结构，由 Tuple 和 Field 组成，可以用于分析任意类型的数据。
- Hive 使用声明式语言 SQL 进行数据分析，而 Pig 使用过程式语言 Pig Latin 进行数据分析。
- Hive 保存元数据，数据模型无须重建，而 Pig 不保存元数据，数据模型需要重建。
- 由于 Hive 的数据模型是表结构，因此 Hive 先创建表，然后加载数据，而 Pig 的数据模型是包结构，Pig 在加载数据的同时创建包。

3. Hive 与关系型数据库

HiveQL 在语法上类似于 SQL，因此容易让人误认为 Hive 是数据库。但是从结构上看，Hive 和数据库只有在查询语言方面有相似之处。
Hive 和关系型数据库的比较如表 8-7 所示。

表 8-7　Hive 和关系型数据库的对比

对比项目	关系型数据库	Hive
查询语言	SQL	HiveQL
数据存储	裸设备或本地文件系统	HDFS
数据格式	由系统决定	由用户定义
数据更新	支持	不支持
索引	有	无
执行	执行器	MapReduce
执行延迟	低	高
处理数据规模	小	大
可扩展性	低	高

8.2.4　安装与配置

本节介绍 Hive 的安装与配置。首先打开 Xshell，连接集群，然后在 Master 上进行如下操作。

1）在/root 路径下，执行命令"yum install mariadb-server -y"以安装 MariaDB。MariaDB（开源的关系型数据库管理系统，属于 MySQL 的分支）用于存储元数据库的元数据。

2）在/root 路径下，执行命令"systemctl enable mariadb.server"和"systemctl start mariadb.server"以启动 MariaDB 服务。

3）在/root 路径下，执行命令"mysql_secure_installation"以初始化 MariaDB，并设置账号的密码，如图 8-10 所示。

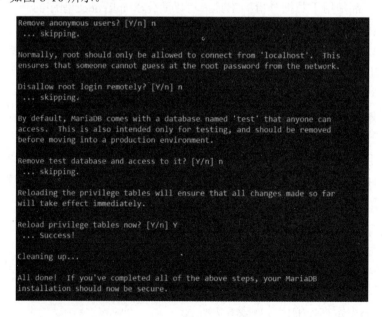

图 8-10　设置 MariaDB

4）在/root 路径下，执行命令"mysql -uroot -p"以进入数据库，然后执行命令"use mysql"以使用 MySQL 数据库，如图 8-11 所示。

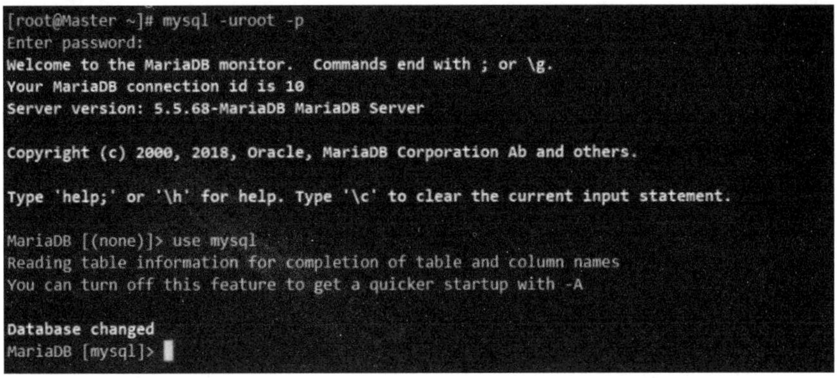

图 8-11　进入数据库

5）执行如下命令以授权其他用户访问数据库；此处读者需要填写登录 Linux 操作系统的密码。

grant all privileges on *.* to 'root'@'%' identified by '密码';

6）Navicat 是一个可以创建多个连接的数据库管理工具。读者可以在 Navicat 官网下载安装包。本书选择的版本是 Navicat for MySQL 11.1.13。

下载完成后，配置数据库连接，如图 8-12 所示（其中，"主机名或 IP 地址"填写 Master 的 IP 地址）。

图 8-12　配置数据库连接

7）在 Hive 官方网站下载 Hive 安装包。本书选择的版本为 apach e-hive-2.3.8-bin.tar.gz。使用命令"rz"将 Hive 安装包放在/tmp 路径下，并执行如下命令将压缩包解压到/usr 路径下。

```
tar -xzvf apache-hive-2.3.8-bin.tar.gz -C /usr/
```

8）在/usr/apache-hive-2.3.8-bin/conf 路径下，执行如下命令以创建 hive-site.xml 文件。

```
hive-default.xml.template hive-site.xml
```

9）对 hive-site.xml 文件进行修改。将鼠标光标移动至第 17 行，执行命令"5941dd"以删除包括第 17 行在内的 5941 行配置，并添加如下配置项。注意，需要修改加粗的字段（如密码、Master 的 IP 地址等）。

```
<configuration>
    <property>
        <name>javax.jdo.option.ConneectionURL</name>
        <value>jdbc:mysql://127.0.0.1:3306/hive?createDatabaseIfNotExist=true</value>
    </property>
    <property>
        <name>javax.jdo.option.ConnectionDriverName</name>
        <value>com.mysql.cj.jdbc.Driver</value>
    </property>
    <property>
        <name>javax.jdo.option.ConnectionUserName</name>
        <value>填入设置的用户名称（推荐名称为 root）</value>
    </property>
    <property>
        <name>javax.jdo.option.ConnectionPassword</name>
        <value>填入设置的密码</value>
    </property>


    <!-- hive on hdfs data store -->
    <property>
        <name>hive.metastore.warehouse.dir</name>
        <value>hdfs://Master 的 IP 地址/user/hive/warehouse</value>
    </property>
    <property>
        <name>hive.exec.scratchdir</name>
```

```
            <value>hdfs:// Master 的 IP 地址/user/hive/scratchdir</value>
        </property>
        <property>
            <name>hive.querylog.location</name>
            <value>hdfs:// Master 的 IP 地址/user/hive/logs</value>
        </property>
</configuration>
```

10）读者可在官网下载数据库连接器。这是使用 JDBC 连接数据库的必要组件。本书选择的版本是 mysql-connector-java-8.0.13。

在/usr/apache-hive-2.3.8-bin/lib 路径下，执行命令"rz"上传安装包。

11）在/usr/apache-hive-2.3.8-bin/bin 路径下，执行命令"./schematool -dbType mysql -initSchema"以完成初始化操作（需要先打开 Hadoop 集群）。执行命令后在 Navicat 中可以看到创建的 Hive 数据库，如图 8-13 所示。

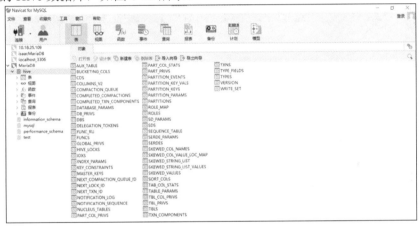

图 8-13　创建的 Hive 数据库

12）修改/etc 路径下的 profile 文件，配置系统的环境变量。在文件的末尾新增 Hive 路径，配置完成后就可以在任意位置启动 Hive，代码如下。

```
export PATH=$PATH:/usr/hadoop-2.10.1/bin:/usr/hadoop-2.10.1/sbin:/u
sr/apache-hive-2.3.8-bin/bin
```

13）执行命令"source /etc/profile"以更新配置，并执行命令"hive"以启动 Hive。如果看到类似"Hive 1.X releases"的输出信息，则证明 Hive 启动成功。

8.2.5　实践操作

本节将通过 3 项数据分析任务介绍如何使用 Hive 进行数据分析。

（1）搜狗搜索引擎日志数据分析

首先我们将对搜狗搜索引擎的日志数据 SogouQ 进行分析。需要下载配套资料中的文件 SogouQ.txt，并上传到 HDFS。

然后输入"create database hive;"、"show databases;"和"use hive;"命令，创建数据库。并输入如下命令建立 SOGOUQ 表。

> create table SOGOUQ(dt varchar(50)),websession varchar(50),

word varchar(50),s_seq int,c_seq int,website varchar(50)) row format delimited fields terminated by '\t' lines terminated by '\n';

注意可以选择从 HDFS 或者本地操作系统将数据文件加载到表中。如果从 HDFS 加载文件，可以输入"load data inpath"命令。如果从本地操作系统加载文件，则需要输入"load data local inpath"命令，命令示例如下。

> load data local inpath '/tmp/data/SogouQ.txt' into table sogouq;

数据文件如果在本地操作系统中，将会被直接复制到表对应的目录中，而数据文件如果在 HDFS 中，将会被移动到表对应的元数据库目录中，原路径下的文件将不存在。

可以通过访问网址 http://< Master 的 IP 地址>:50070/explorer.html#/，查看 Hadoop 集群中数据。在/user/hive/warehouse/hive.db 目录下，可以看到 SougouQ.txt 数据文件，如图 8-14 所示。

图 8-14　查看 SougouQ.txt 数据文件

输入命令"select count(*)from sogouq;"可以查询 SougouQ 数据行数，查询时会启动 MapReduce 进行计算，Map 任务的个数一般和数据分片个数对应，例如在本查询中有 2 个 Map 任务，1 个 Reduce 任务，返回结果是 1724264 行。

可以通过访问网址 http://< Master 的 IP 地址>:8088 查看作业情况，如图 8-15 所示。

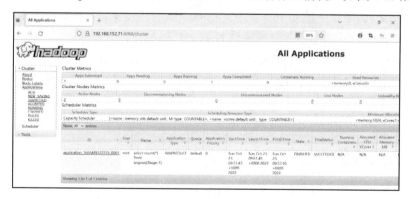

图 8-15　查看作业情况

利用 like 关键字可以实现模糊查询。例如，输入命令"select count(*)from sogouq where website like '%baidu%';"，能够查询包含 baidu 的数据项，结果为 149659。

输入命令"hdfs dfs-mkdir-p/sogouq1"可以在 HDFS 创建外部表存放数据目录。之后创建一个外部表，并指定表的存放目录为/sogouq1，命令如下。

```
> create external table sogouq1(dt varchar(50),websession varchar(50),word varchar(50),s_seq int,c_seq int,website varchar(50)) row format delimited fields terminated by '\t' lines terminated by '\n' stored as textfile location '/sogouq1';
```

通过观察创建表和外部表的区别，可以发现创建外部表多了 External 关键字，同时还指定了表对应存放目录。

创建 Hive 外部表关联数据文件有两种方式，一种是把外部表数据位置直接关联到数据文件所在的目录，这种方式适合数据文件已经存在于 HDFS 中的情况，另一种方式是创建表时指定外部表数据目录，并输入命令"hdfs dfs-put/tmp/data/SogouQ.txt/sogou1"把数据加载到该目录。

完成上述步骤后，输入命令"select * from sogouq1 limit 10;"，显示前 10 行数据，如图 8-16 所示。

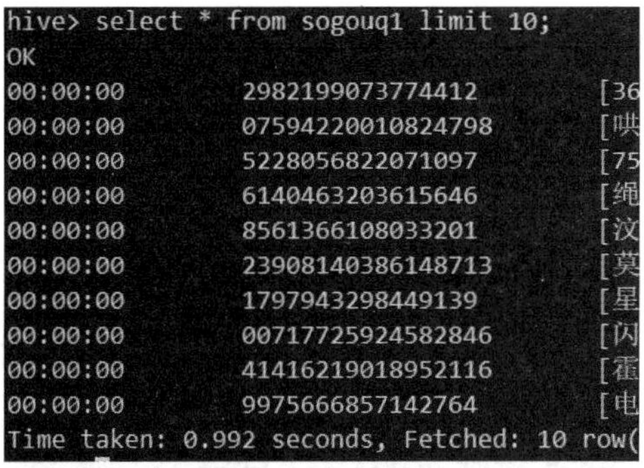

```
hive> select * from sogouq1 limit 10;
OK
00:00:00        2982199073774412        [36
00:00:00        07594220010824798       [哄
00:00:00        5228056822071097        [75
00:00:00        6140463203615646        [绳
00:00:00        8561366108033201        [汶
00:00:00        23908140386148713       [莫
00:00:00        1797943298449139        [星
00:00:00        00717725924582846       [闪
00:00:00        41416219018952116       [霍
00:00:00        9975666857142764        [电
Time taken: 0.992 seconds, Fetched: 10 row(
```

图 8-16　显示前 10 行数据

根据显示数据，可以看出 Hive 会根据查询任务的不同决定是否生成 MapReduce 作业。获取前 10 行数据并没有生成作业，而是在得到数据后直接显示。

我们可以按 Session 号对数据进行归组，并按照数据集中关键字的查询次数进行排序，最终显示查询次数最多的前 10 条关键字，命令如下，结果如图 8-17 所示。

```
> select websession,count(websession) as cw from sogouq1 group by websession order by cw desc limit 10;
```

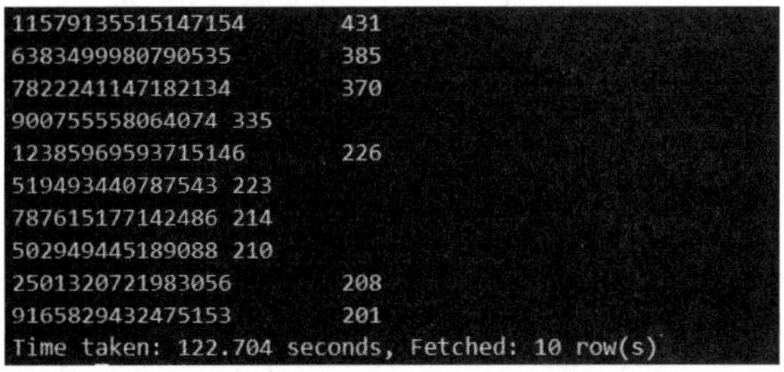

```
11579135515147154       431
6383499980790535        385
7822241147182134        370
900755558064074 335
12385969593715146       226
519493440787543 223
787615177142486 214
502949445189088 210
2501320721983056        208
9165829432475153        201
Time taken: 122.704 seconds, Fetched: 10 row(s)
```

图 8-17　显示查询次数最多的前 10 条关键字

（2）汽车销量数据分析

下面我们将对某年全国汽车销量数据进行分析，需要下载配套资料中的文件 cars.txt，并上传到 HDFS，命令如下。

```
> hdfs dfs -put /tmp/data/cars.txt /cars.txt;
```

在 Hive 中创建名为 car 的数据库，并建立 cars 表，上传数据，命令如下。

```
> create external table cars(province varchar(50),month int,city
varchar(50),county varchar(50),yearint,cartypevarchar(50),productor
varchar(50),brand varchar(50),mold varchar(50),owner varchar(50),nature
varchar(50),number int,ftype varchar(50),outv int,power double,fuel
varchar(50),length int,width int,height int,xlength int,xwidth int,xheight
int,count int,base int,front int,norm varchar(50),tnumber int,total int,curb
int,hcurb int,passcngcr varchar(50),zhcurb int,business varchar(50),dtype
varchar(50),fmold varchar(50),fbusiness varchar(50),name varchar(50),age
int,sex varchar(50)) row format delimited fields terminated by '\t' location '/cars';
```

上传数据后，向 cars 表导入数据，并输出前两条数据，命令如下。

```
> load data inpath '/cars.txt' into table cars;
> select * from cars limit 2;
```

进一步统计不同用途的车辆数量分布，命令如下，结果如图 8-18 所示。

```
> select nature,count(number) from cars where nature!='' group by nature;
```

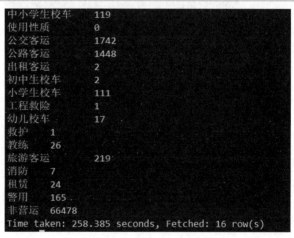

图 8-18　不同用途的车辆数量分布

之后输入命令"set hive.mapred.mode=nonstrict;"，将 Hive 设置为非严格模式，以便使用笛卡儿积等查询操作。统计一年中每个月汽车销售数量的比例，命令如下。得到的统计结果如图 8-19 所示，其中 1 月的占比最大。

```
> select month,round(summon/sumcount,2)as per from (select month,count(number
) as summon from cars where month is not null group by month) a join (select
count(number) as sumcount from cars) b;
```

```
MapReduce Jobs Launched:
Stage-Stage-1: Map: 2  Reduce: 1   Cumulative CPU: 13.23 sec
Stage-Stage-3: Map: 2  Reduce: 1   Cumulative CPU: 12.99 sec
Stage-Stage-4: Map: 1   Cumulative CPU: 3.41 sec   HDFS Read
Total MapReduce CPU Time Spent: 29 seconds 630 msec
OK
1       0.15
2       0.06
3       0.09
4       0.07
5       0.07
6       0.06
7       0.06
8       0.06
9       0.07
10      0.1
11      0.1
12      0.1
Time taken: 274.204 seconds, Fetched: 12 row(s)
```

图 8-19　每月汽车销量的比例

输入以下命令统计一年中各市、区县汽车销售的分布，结果如图 8-20 所示。

```
> select city,county,count(number) as number from cars group by city,county;
```

```
临汾市  临汾市  653
临汾市  乡宁县  119
临汾市  侯马市  561
临汾市  古县    132
临汾市  吉县    221
临汾市  大宁县  93
临汾市  安泽县  263
临汾市  尧都区  1382
临汾市  市辖区  240
临汾市  曲沃县  274
临汾市  永和县  55
临汾市  汾西县  106
临汾市  洪洞县  1012
临汾市  浮山县  183
临汾市  翼城县  263
临汾市  蒲县    108
临汾市  襄汾县  663
临汾市  隰县    119
```

图 8-20　各市、区县汽车销售的分布（省略部分输出）

同时，输入以下命令能够统计买车客户的男女比例，其中男性占比 70%，女性占比 30%。

```
> select sex,round((sumsex/sumcount),2) as sexper from (select sex,count(numb
er) as sumsex from cars where sex!='' group by sex) a join (select count(numb
er) as sumcount from cars where    sex !='') b;
```

输入以下命令能够统计车的所有权、车辆类型和品牌的分布，结果如图 8-21 所示。

```
> select owner,mold,brand,count(number) as number from cars group by owner,
mold,brand;
```

单位	中型普通客车	南骏	26
单位	大型普通客车	南骏	124
单位	大型普通客车	友谊	14
个人	中型普通客车	合客	2
单位	中型普通客车	合客	2
单位	大型普通客车	合客	15
个人	小型普通客车	吉奥	42
单位	小型普通客车	吉奥	3
个人	大型普通客车	同心	1
单位	大型普通客车	同心	1
所有权	车辆类型	品牌	0
个人	小型普通客车	哈飞	11
单位	小型普通客车	哈飞	1
单位	中型专用校车	大力	3
单位	中型普通客车	大力	4
单位	大型专用校车	大力	5
单位	大型普通客车	大力	11

图 8-21　车的所有权，车辆类型和品牌的分布（省略部分输出）

输入以下命令能够统计不同品牌的车在每个月的销售量分布，每列分别代表品牌、月份、数量，结果如图 8-22 所示。

```
> select brand, month, count(number) from cars where month is not null and br
and != '' and brand is not null group by brand,month;
```

江淮	12	4
江铃	12	6
江铃全顺	12	46
海格	12	24
申龙	12	1
神剑	12	11
福田	12	5
舒驰	12	2
航天	12	29
解放	12	42
邦乐	12	1
金旅	12	30
金杯	12	57

图 8-22　不同品牌的车的销售量分布（省略部分输出）

输入以下命令能够根据不同类型（品牌）汽车销售情况，统计发动机型号和燃料种类，结果如图 8-23 所示。

```
> select brand,mold,collect_set(ftype),collect_set(fuel) from cars where brand is not null
and brand != '' and mold is not null and mold != ''  group by brand,mold;
```

图 8-23 发动机型号和燃料种类统计（省略部分输出）

8.2.6 小结

本章介绍了 Hive 的执行流程、运行架构、部署模式和数据类型，读者可通过对 Hive 数据模型的讲解和实践操作，掌握 Hive 的基本使用方法。Hive 是非常优秀的数据仓库工具，它提供类似 SQL 的 HiveQL 查询语言，能够将查询语句转换成一系列 MapReduce 作业，在 Hadoop 上执行并返回结果，不再需要通过复杂的编程方式来实现 MapReduce。

8.2.7 课后习题

（1）说明 Hive 与关系型数据库的区别。

（2）并行执行的优点是什么？

（3）Hive 的执行流程是什么？

（4）按照 8.2.4 节和 8.2.5 节的相关内容，在自己的计算机上完成 Hive 的安装与配置，并进行实践操作。

8.3 Spark SQL

8.3.1 Spark SQL 介绍

Spark SQL 的前身是 Shark。由于 Shark 过于依赖 Hive（如采用 Hive 的语法解析器、查询优化器等），制约了 Spark 的发展，于是 Spark SQL 应运而生。

1. 运行原理

一条简单的 SQL 查询语句如下：

SELECT name FROM student WHERE age >= 6 AND age <= 9

这条语句由 Projection（name）、Data Source（student）和 Filter（age >= 6 AND age <= 9）
组成。SQL 语句按 Result→Data Source→Operation 的顺序执行，如图 8-24 所示。

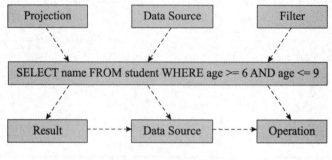

图 8-24　SQL 语义描述

Spark SQL 语句的执行顺序如下。

1）对读入的 SQL 语句进行解析，识别语句中的关键词（如 SELECT、FROM、WHERE
等）、表达式、Projection、Data Source 等，构建一棵树，并判断 SQL 语句是否规范。

2）将 SQL 语句和数据库的数据字典（如列、表、视图等）进行绑定，如果相关的
Projection、Data Source 都存在，那么说明这个 SQL 语句是可执行的。

3）数据库会提供几个执行计划，这些计划通常都包含运行统计数据，数据库会在这些
计划中选择最优计划。

4）计划按照 Operation→Data Source→Result 的顺序来执行。在执行过程中有时甚至不
用读取物理表就可以返回结果，比如重新执行 SQL 语句时，可以直接通过数据库的缓存池
获取返回结果，以提高效率。

2. 运行架构

Spark SQL 兼容 Hive，支持对多种数据源进行查询和加载。

如图 8-25 所示，Spark SQL 可以重用 Hive 提供的元数据库、HiveQL、用户自定义函
数（UDF）以及序列化和反序列化工具（SerDes）。

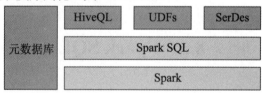

图 8-25　Spark SQL 的运行架构

SQLContext 是通往 Spark SQL 的入口，一旦有了 SQLContext，就可以启动 Spark SQL
的运行过程。

如图 8-26 所示，在整个运行过程中涉及多个 Spark SQL 的组件，如 SQLParse（用于解
析 Select 查询语句）、Analyzer（对未分析的逻辑执行计划进行分析）、Optimizer（对已
分析的逻辑执行计划进行优化）、SparkPlan（用于将物理执行计划转换为可执行的物理

计划）等。

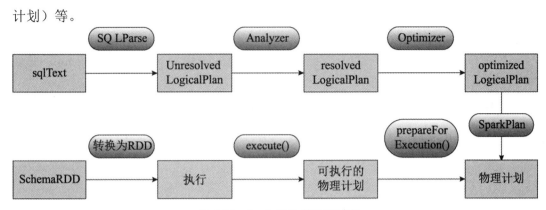

图 8-26　Spark SQL 的运行过程

Spark SQL 的运行过程如下。

1）SQLParse 将 SQL 语句解析成 UnresolvedLogicalPlan（未绑定的逻辑计划）。

2）使用 Analyzer 结合数据字典进行绑定，生成 resolvedLogicalPlan（已绑定的逻辑计划）。

3）使用 Optimizer 对 resolvedLogicalPlan 进行优化，进而生成 optimizedLogicalPlan（已优化的逻辑计划）。

4）使用 SparkPlan 将 LogicalPlan 转换成 PhysicalPlan（物理计划）。

5）使用 prepareForExecution()将物理计划转换成可执行的物理计划。

6）使用 execute()执行可执行的物理计划。

7）执行物理计划，返回结果数据。

3. Spark SQL 和 Hive

Spark SQL 通过 Catalyst 模块实现了解析器、执行计划生成与优化器功能，完全脱离了对 Hive 的依赖。

Spark SQL 和 Hive 的对比如表 8-8 所示。

表 8-8　Hive 和 Spark SQL 的对比

对比项目	Spark SQL	Hive
查询语言	Spark SQL 和 HiveQL	HiveQL
执行引擎	Spark	默认 MapReduce，可以自定义为 Spark
数据存储	本身并不提供数据存储，可指定不同的存储系统，如 HDFS、Hive、HBase、MySQL	HDFS
元数据存储	可选元数据存储	必须指定元数据存储
API	DataFrame/DataSet 和 SQL	HiveQL

Catalyst 模块主要对以下几点进行了优化。

（1）谓词下推

示例代码如下。

```
select a.*,b.* from
tb1 a join tb2 b
```

```
on a.id = b.id
where a.c1 > 20 and b.c2 < 100
```

上述 SQL 语句会被优化为如下代码，减少后期执行过程中 join 操作的在 shuffle 阶段的数据量。

```
select a.*,b.* from
(select * from tb1 where c1>20) a
join
(select * from tb2 where c2<100) b
on a.id = b.id
```

（2）列裁剪

示例代码如下。

```
select a.name,b.salary from
(select * from tb1 where c1>20) a
join
(select * from tb2 where c2<100) b
on a.id = b.id
```

上述 SQL 语句会被优化为如下代码，在执行前裁减不需要的列，减少获取的数据量。

```
select a.name,b.salary from
(select id,name from tb1 where c1>20) a
join
(select id,salary from tb2 where c2<100) b
on a.id = b.id
```

（3）常量累加

示例代码如下。

```
select 1+1 as cnt from tb
```

"1+1"常量会被直接计算为"2"。代码如下。

```
select 2 as cnt from tb
```

8.3.2   实践操作

在本节中，我们将对本书的配套资料包中的 tbStock.txt、tbDate.txt 和 tbStockDetail.txt 3 个淘宝数据集进行分析，包括计算每年的订单数和销售额、每年所有订单的总金额等。

3 个文件的内容介绍如下。

- tbDate.txt 文件：定义日期分类，将每天分别赋予所属的月份、星期、季度等属性，字段分别为日期、年月、年、月、日、星期、周数、季度、旬、半月。
- tbStock.txt 文件：定义订单，字段分别为订单号、交易位置、交易日期。
- tbStockDetail.txt 文件：定义订单明细，该表和 tbStock.txt 文件以交易号进行关联，字段分别为订单号、行号、货品、数量、单价、金额。

在/usr/spark-2.4.0-bin-hadoop2.7/bin 目录下执行命令"spark-sql --help"以查看 Spark SQL 的参数，如图 8-27 所示。

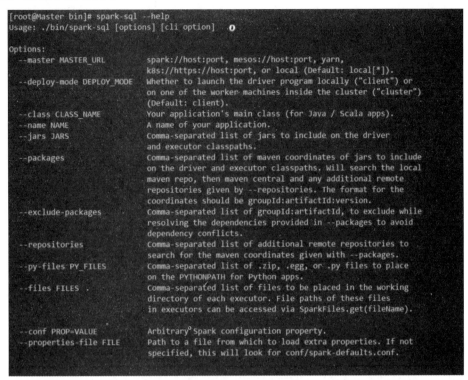

图 8-27　Spark SQL 的参数

其中，[options]是 CLI 启动 Spark SQL 应用程序的参数，如果不设置参数 Master，机器将以本地方式运行 Spark SQL，只能通过 http://机器名:4040 进行监控。

如图 8-28 所示，[cli option]是 CLI 的参数。通过这些参数，CLI 可以直接运行 SQL 文件、进入命令行运行 SQL 命令等，类似 Shark 的用法。需要注意的是，由于 CLI 不使用 JDBC 进行连接，因此不能连接到 ThriftServer，但可以配置 conf/hive-site.xml 文件，以连接到 Hive 的元数据库，然后对 Hive 数据进行查询。

```
CLI options:
2022-11-06 19:09:12 WARN  NativeCodeLoader:62 - Unable to load native-hadoop library for you
   -d,--define <key=value>          Variable subsitution to apply to hive
                                    commands. e.g. -d A=B or --define A=B
      --database <databasename>     Specify the database to use
   -e <quoted-query-string>         SQL from command line
   -f <filename>                    SQL from files
   -H,--help                        Print help information
      --hiveconf <property=value>   Use value for given property
      --hivevar <key=value>         Variable subsitution to apply to hive
                                    commands. e.g. --hivevar A=B
   -i <filename>                    Initialization SQL file
   -S,--silent                      Silent mode in interactive shell
   -v,--verbose                     Verbose mode (echo executed SQL to the
                                    console)
```

图 8-28　CLI 命令的参数

具体的操作步骤如下。

（1）上传实验数据

将 tbStock.txt、tbDate.txt 和 tbStockDetail.txt 3 个文件上传到 Master 的/tmp 目录下。

（2）获取每年的订单数与销售额

首先，在任意目录下执行命令"spark-sql"以启动 Spark SQL。在进行某些需要 Shuffle 的操作（如 groupBy，join 等）时，输出的分区数量设置为 20，并创建 test 数据库。

```
> set spark.sql.shuffle.partitions=20;
> create database test;
> use test;
```

其次，创建 tbDate、tbStock 和 tbStockDetail 表，命令如下。

```
> create table tbDate(dateID string,theyearmonth string,theyear string,themonth
string,thedate string,theweek string,theweeks string,thequot string,thetenday string,
thehalfmonth string) row format delimited fields terminated by ',' lines terminated by '\n';
> create table tbStock(ordernumber string,locationid string,dateID string) row format
delimited fields terminated by ',' lines terminated by '\n';
> create table tbStockDetail(ordernumber string,rownum int,itemid string,qty int,price
int ,amount int) row format delimited fields terminated by ',' lines terminated by '\n';
```

然后，向 tbDate、tbStock 和 tbStockDetail 表中添加数据，命令如下。

```
> load data local inpath '/tmp/tbDate.txt' into table tbDate;
> load data local inpath '/tmp/tbStock.txt' into table tbStock;
> load data local inpath '/tmp/tbStockDetail.txt' into table tbStockDetail;
```

最后，运行如下 SQL 语句，获取订单每年的销售单数与销售总额。

```
> select c.theyear,count(distinct a.ordernumber),sum(b.amount) from tbStock a join
tbStockDetail  b on a.ordernumber=b.ordernumber join tbDate c on a.dateid=c.dateid group
by c.theyear order by c.theyear;
```

输出结果如图 8-29 所示。

图 8-29   输出结果

在浏览器的地址栏中输入"主机 IP 地址+端口号 4040"以查看当前任务，如图 8-30 所示。

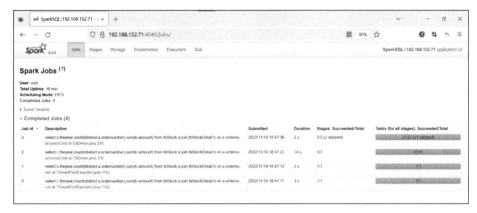

图 8-30　查看当前任务

（3）计算每年最大金额订单的销售额

运行如下 SQL 语句，计算每年最大金额订单的销售额。

```
> select c.theyear,max(d.sumofamount) from tbDate c join (select a.dateid,
a.ordernumber,sum(b.amount) as sumofamount from tbStock a join tbStockDetail b on
a.ordernumber=b.ordernumber group by a.dateid,a.ordernumber ) d on c.date
id=d.dateid group by c.theyear sort by c.theyear;
```

输出结果如图 8-31 所示。

```
2008    55828
2010    13063
2006    36124
2004    23612
2005    38180
2009    25810
2007    159126
Time taken: 8.516 seconds, Fetched 7 row(s)
```

图 8-31　输出结果

通过浏览器查看当前任务，如图 8-32 所示。

图 8-32　查看当前任务

8.3.3　小结

本节主要对 Spark SQL 的运行原理、运行架构以及 Catalyst 模块进行了详细介绍，并进行了实践操作。

Hive 是早期唯一运行在 Hadoop 上的 SQL-on-Hadoop 工具，它先将 HiveQL 转换成 MapReduce 作业，再提交到集群后运行。由于执行效率较慢，因此 Spark SQL 应运而生。它先将 Spark SQL 转换成 RDD，再提交到集群后运行，大幅度提高了运行效率。

Spark SQL 摆脱了对 Hive 的依赖，在性能优化、数据兼容、组件扩展方面都得到极大发展。

8.3.4　课后习题

（1）简述 Spark SQL 的运行流程。

（2）在摆脱了对 Hive 的依赖后，Spark SQL 在哪几个方面得到极大发展？

（3）按照 8.3.2 节的相关内容，在自己的计算机上完成实践操作。

第9章

分布式资源管理

集群资源管理是分布式系统常见的应用场景。几乎所有的互联网公司都会涉及集群资源管理。即使是业界最好的产品，其底层也离不开集群资源管理的支持。通常公司会有多套系统，而资源是有限的，也是固定的，但是应用机器的需求却是灵活的。比如当某公司上线新系统时占用了多台服务器，如果需要将新系统撤下，就应先清理相应的机器。最初没有动态管理集群系统，清理机器的操作完全依赖运维人员手动操作，效率低下且烦琐。以前，机器变更主要通过系统上线下线的方式。随着大数据时代的来临，临时任务的数量激增，需要计算的任务也多种多样，而且往往需要大量机器的支持，这时人工维护已经很难满足庞大的集群变更需求。

因此，分布式资源管理系统的出现为集群在利用率和资源统一管理等方面带来了巨大的好处。Hadoop 2.0 版本的核心组件 YARN 就是一个非常出色的分布式资源管理器。

9.1　YARN 介绍

YARN 是一个 Hadoop 资源管理器，也是一个通用资源管理系统和调度平台，可以为上层应用提供统一的资源管理和调度。YARN 可以为集群带来巨大的好处，如提升利用率，实现资源统一管理和数据共享等。我们可以把 YARN 理解为一个分布式操作系统平台，而 MapReduce 等程序则相当于在该操作系统中运行的程序，YARN 能够为这些程序提供所需的计算资源。

YARN 也可以对 Hadoop 进行扩展，能够使 Hadoop 不仅支持 MapReduce 计算，而且能管理 Hive、HBase、Pig、Spark 等应用。这一新的架构设计使得各种类型的应用运行在 Hadoop 上，并通过 YARN 从系统层面进行统一管理。简而言之，使用 YARN 可以让各种应用互不干扰地运行在同一个 Hadoop 中，共享整个集群资源，如图 9-1 所示。

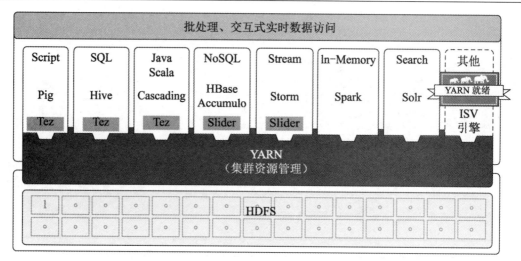

图 9-1   各种应用互不干扰地运行在同一个 Hadoop 中

9.1.1   YARN 的基本架构

如图 9-2 所示，YARN 采用主从架构，主要由 Resource Manager（RM）、Application Master（AM）、Container、Node Manager（NM）、Scheduler 这 5 个组件组成。

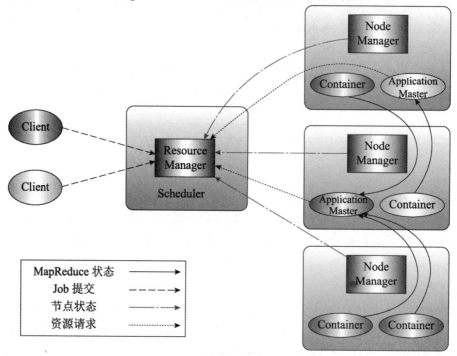

图 9-2   YARN 的基本架构

YARN 的基本思想是将 JobTracker 的资源管理和作业调度/监控这两个主要职能拆分为两个独立的进程，即全局的 Resource Manager 以及与每个应用对应的 Application Master。Resource Manager 和每个节点的 Node Manager 构成全新的通用系统，以分布式的方式管理应用程序。

在 YARN 的基本架构中，Resource Manager 包含资源调度器组件 Scheduler，负责调度 Container 并协调集群中各个应用资源的分配。Container 在 YARN 中被抽象为资源，它封装了某个节点上的部分资源。

9.1.2　YARN 组件功能

下面对 YARN 的各个组件进行详细介绍。

1. Resource Manager

Resource Manager 主要由 Application Manager 和 Scheduler 两个组件组成。

- Application Manager 是应用管理器，负责接收 Job 的提交请求，为应用分配 Container 以运行 Application Master 并进行监控，在遇到失败时，Application Manager 能够重启 Application Master。
- Scheduler 是资源调度器，负责调度 Container 并协调集群中各个应用资源的分配，以保障整个集群的运行效率，但是 Scheduler 不关心应用程序监控及其运行状态等信息，也无法重启运行失败的任务。

Resource Manager 主要提供 3 种 Scheduler——FIFO Scheduler（先进先出调度器）、Capacity Scheduler（容量调度器）和 Fair Scheduler（公平调度器）。

FIFO Scheduler 是最简单的、最易理解的调度器。它按提交顺序将应用程序排序为队列，在进行资源分配时，位于队列头部的应用程序将优先获得资源，待其资源使用完毕后，再将资源按顺序分配给下一个应用程序。FIFO Scheduler 并不适合于共享集群，因为资源消耗大的应用程序可能占据着所有集群资源。在共享集群中，更适合采用 Capacity Scheduler 和 Fair Scheduler。

- Capacity Scheduler 的特点是任务按队列顺序执行，采用队列内部先进先出的调度策略，在同一时间，队列中只允许一个任务在执行，队列的并行度即队列的个数。Capacity Scheduler 能够使得许多租户安全地共享集群资源，最大化吞吐能力和集群利用率。
- Fair Scheduler 支持多队列，当某个队列中的资源剩余时，可以暂时将剩余资源共享给那些需要资源的队列，而一旦该队列有新的应用程序，会立即将借调给其他队列的资源归还给该队列。与 Capacity Scheduler 的调度策略不同，Fair Scheduler 会优先选择资源缺额比例大的队列（缺额是指某一时刻一个 Job 应获取资源和实际获取资源的差距）。

2. Application Master

Application Master 的主要功能是向 Resource Manager 申请资源，并与 Node Manager 协同以运行任务、跟踪任务状态、监控任务执行，并在需要时重启失败的任务。

在 Hadoop 1.0 中，JobTracker 负责监控作业与分配系统资源，但 JobTracker 的任务负担过重，造成资源消耗高问题。在 Hadoop 2.0 中，资源的调度与分配由 Resource Manager

进行管理，每个 Job 或应用程序的管理和监控则交由相应的 Application Master 负责，若某个 Application Master 失败，Resource Manager 能够重启它。这种方式提高了集群的可扩展性。

如图 9-3 所示，在 Hadoop 1.0 中，JobTracker 是主线程，负责接收租户 Job 提交，调度任务到工作节点，并提供监控工作节点状态和任务进度等管理功能。TaskTracker 是后台程序，由 JobTracker 分配任务，负责实例化用户程序，在本地执行任务并周期性地向 JobTracker 报告状态。由于 TaskTracker 与 JobTracker 之间的耦合度高，因此 Hadoop 1.0 只支持 MapReduce 类型的任务，不是通用的框架。YARN 的出现则解决了这个问题，YARN 允许用户自行开发 Application Master，使每个类型的应用程序都有对应的 Application Master，从而支持不同类型的任务。

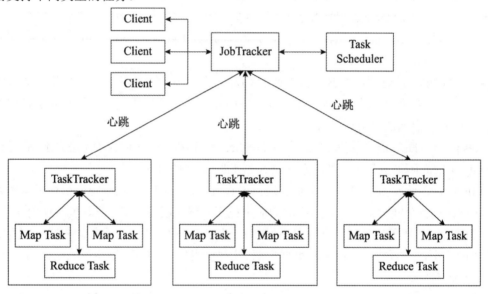

图 9-3   Hadoop 1.0 的基本架构

3. Node Manager

Node Manager 进程运行在集群节点的 Slave 服务中，主要负责接收 Resource Manager 的资源分配请求，给应用程序分配具体的 Container 等任务，同时还需要监控并报告 Container 使用信息给 Resource Manager。每个节点都有自己的 Node Manager，通过与 Resource Manager 配合来管理整个 Hadoop 集群中的资源分配。

Node Manager 的具体任务列表如下。

● 接收 Resource Manager 的请求，分配 Container 给目标应用程序的特定任务。
● 与 Resource Manager 交换信息，确保整个集群运行平稳。Resource Manager 通过收集每个 Node Manager 的报告信息以追踪整个集群的健康状况，而 Node Manager 负责监控自身的健康状况。
● 管理每个 Container 的生命周期。
● 管理每个节点上的日志。

● 执行额外的服务，例如当一个节点启动时，它会向 Resource Manager 注册并告知可用资源的数量。在运行过程中，通过 Node Manager 和 Resource Manager 的协同工作，这些信息会不断更新以保障整个集群正常运行。

4. Container

Container 是 YARN 框架对计算机计算资源的抽象，是执行任务的基本单位。每个任务或应用程序都运行在一个或多个 Container 中。在集群中，一个节点可以同时运行多个 Container，但 Container 不会跨节点运行。现阶段 Container 包含 4 种系统资源——CPU、内存、磁盘和网络。

由于每个 Container 都包含计算资源的位置信息，因此，当请求特定 Container 时，实际上是在向某台机器发起请求，以获取该机器上的 CPU 和内存资源。

9.1.3　YARN 的执行过程

在 YARN 中，应用程序的执行过程可以概括为如下 3 个步骤。

1）应用程序提交。

2）启动应用程序的 Application Master 实例。

3）Application Master 实例管理应用程序的执行。

图 9-4 展示了在 YARN 中应用程序的执行过程。

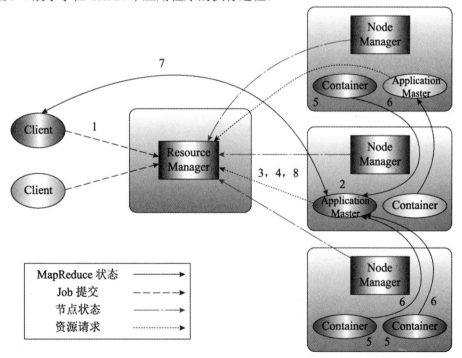

图 9-4　在 YARN 中应用程序的执行过程

在 YARN 中应用程序的执行过程如下。

1）客户端向 Resource Manager 提交应用程序，请求 Application Master 实例。

2）Node Manager 接收 Resource Manager 的资源分配请求，并分配 Container 来运行 Application Master 实例。

3）Application Master 向 Resource Manager 进行注册，注册后客户端可以查询 Resource Manager 以获取 Application Master 的详细信息，并与 Application Master 直接交互。

4）在通常的操作过程中，Application Master 根据资源请求协议向 Resource Manager 发送资源请求。

5）当 Container 被成功分配之后，Application Master 向 Node Manager 发送 container-launch-specification（包含 Container 与 Application Master 交流所需的资料）信息，启动 Container。

6）应用程序在 Container 中运行，将运行的进度、状态等信息通过 application-specific 协议发送给 Application Master。

7）在应用程序运行期间，客户端通过应用程序特定协议主动与 Application Master 进行交流，以获得应用程序的运行状态、进度更新等信息。

8）当应用程序及所有相关工作执行完成后，Application Master 会向 Resource Manager 取消注册并关闭，Container 也会归还给系统。

9.2 实践操作

在第 8 章中，我们已经通过 YARN 提交 MapReduce 任务，并对 YARN 命令有了初步的了解。本节将会对 YARN 的关键命令进行介绍。

1. Hadoop 命令行与 Job

首先启动 Hadoop 集群，打开两个 Master 的命令行窗口，在 HDFS 的 home 目录下创建 input 文件夹，将 words.dict 文件传入其中。然后在一个窗口中运行第 8 章编写的 SSSP.jar，命令如下。

```
hdfs dfs -mkdir /input
yarn jar SSSP.jar /input /output
```

注意，每次运行之后需要执行命令"hdfs dfs -rm -r /output*"以删除/output 文件夹。

打开另一个命令行窗口，在任意目录下执行命令"hadoop job -list"以查看当前运行的 Job 列表信息，如图 9-5 所示。

图 9-5   当前运行的 Job 列表信息

如果想要删除 Job，可以查看当前运行的 Job 列表，找到想要删除任务的 job_id，并在任意路径下执行命令"hadoop job -kill <job_id>"以删除 Job，如图 9-6 所示。

```
[root@Master ~]# hadoop job -kill job_1666427660183_0010
DEPRECATED: Use of this script to execute mapred command is deprecated.
Instead use the mapred command for it.

22/10/22 16:53:07 INFO client.RMProxy: Connecting to ResourceManager at /192.168.152.71:8032
Killed job job_1666427660183_0010
```

图 9-6　删除 Job

输出结果如图 9-7 所示。

```
22/10/22 16:53:13 INFO mapreduce.Job:  map 100% reduce 100%
22/10/22 16:53:14 INFO mapreduce.Job: Job job_1666427660183_0010 failed with state KI
SIMPLE) at 192.168.152.71
Job received Kill while in RUNNING state.

22/10/22 16:53:15 INFO mapreduce.Job: Counters: 12
        Job Counters
                Killed map tasks=1
                Killed reduce tasks=1
                Launched map tasks=1
                Data-local map tasks=1
                Total time spent by all maps in occupied slots (ms)=4093
                Total time spent by all reduces in occupied slots (ms)=0
                Total time spent by all map tasks (ms)=4093
                Total vcore-milliseconds taken by all map tasks=4093
                Total megabyte-milliseconds taken by all map tasks=4191232
        Map-Reduce Framework
                CPU time spent (ms)=0
                Physical memory (bytes) snapshot=0
                Virtual memory (bytes) snapshot=0
```

图 9-7　输出结果

如果想要查看任务执行情况，可以在任意目录下执行命令"hadoop job -status job_id"。输出结果如图 9-8 所示。在这里可以查看 Map 和 Reduce 完成进度以及所有计数器的数量。

```
[root@Master ~]# hadoop job -status job_1666427660183_0010
DEPRECATED: Use of this script to execute mapred command is deprecated.
Instead use the mapred command for it.

22/10/22 16:53:03 INFO client.RMProxy: Connecting to ResourceManager at /192.168.152.71:8032

Job: job_1666427660183_0010
Job File: hdfs://192.168.152.71/tmp/hadoop-yarn/staging/root/.staging/job_1666427660183_0010/job.xml
Job Tracking URL : http://Master:8088/proxy/application_1666427660183_0010/
Uber job : false
Number of maps: 1
Number of reduces: 1
map() completion: 0.0
reduce() completion: 0.0
Job state: RUNNING
retired: false
reason for failure:
Counters: 2
        Job Counters
                Launched map tasks=1
                Data-local map tasks=1
```

图 9-8　Map 和 Reduce 完成百分比以及所有计算器的数量

2. YARN 命令

YARN 命令是通过调用脚本文件实现的。如果运行 YARN 脚本时没有加入任何参数，那么系统将输出 YARN 所有命令的描述信息。命令参数及描述如表 9-1 所示。

表 9-1　命令参数及描述

命令选项	描述
--config confdir	指定一个默认的配置文件目录
--loglevel loglevel	重载日志级别，有效的日志级别包含 FATAL、ERROR、WARN、INFO、DEBUG、TRACE
GENERIC_OPTIONS	YARN 的通用命令项
COMMAND COMMAND_OPTIONS	执行 YARN 命令时可以附加的一系列选项参数

3. 用户命令

如果想要使用用户命令，那么可以执行命令 "yarn application [options]"。表 9-2 展示了 application 命令及描述。

表 9-2　application 命令及描述

命令选项	描述
-appStates <States>	使用-list 命令，基于应用程序的状态来过滤应用程序。如果应用程序的状态有多个，则用逗号分隔。有效的应用程序状态包含 ALL、NEW、 NEW_SAVING、SUBMITTED、ACCEPTED、 RUNNING、FINISHED、FAILED、KILLED
-appTypes <Types>	使用-list 命令，基于应用程序类型进行过滤。如果应用程序的类型有多个，则用逗号分隔
-list	从 Resource Manager 返回的应用程序列表。使用 appTypes 参数，支持基于应用程序类型进行过滤；使用 appStates 参数，支持基于应用程序状态进行过滤
-kill <ApplicationId>	关闭指定的应用程序
-status <ApplicationId>	输出应用程序的状态

可以执行命令 "hdfs dfs -rm -r /output*" 以删除生成的 output 文件夹。然后，我们还可以执行命令 "yarn jar SSSP.jar /input /output" 以启动作业，并在另一个窗口上执行命令 "yarn application -list -appStates ACCEPTED" 以输出结果。输出结果如图 9-9 所示。

图 9-9　输出结果

在 SSSP.jar 运行过程中，执行命令 "yarn application -list"，可以查看 Application 列表，如图 9-10 所示。

图 9-10　查看 Application 列表

在操作过程中，我们还可能会执行命令 "yarn applicationattempt [options]"。表 9-3 展示了 applicationattempt 命令及描述。

表 9-3　applicationattempt 命令及描述

命令选项	描述
-help	帮助
-list \<ApplicationId>	获取应用程序尝试的列表,其返回值 ApplicationAttempt-Id 等于\<Application Attempt Id>
-status \<Application Attempt Id>	输出应用程序尝试的状态

启动 SSSP.jar 任务，在任意路径下执行命令" yarn applicationattempt -list \<application_id>"，可以输出应用程序尝试报告，如图 9-11 所示。

图 9-11　输出应用程序尝试报告

在任意路径下执行命令"yarn classpath"，可以用于打印 Hadoop 和 YARN 运行环境所需的类路径，这个类路径包括了 Hadoop 和 YARN 所需的所有 Jar 文件和其他资源的位置，如图 9-12 所示。

图 9-12　输出路径

然后，我们还可能会执行命令"yarn container [options]"。表 9-4 展示了 container 命令及描述。

表 9-4　container 命令及描述

命令选项	描述
-help	帮助
-list \<Application Attempt Id>	应用程序尝试的 Container 列表
-status \<ContainerId>	输出 Container 的状态

运行 SSSP.jar 任务时，在任意路径下执行命令"yarn container -list \<Application Attempt Id>"，可以输出 Container 报告，如图 9-13 所示。

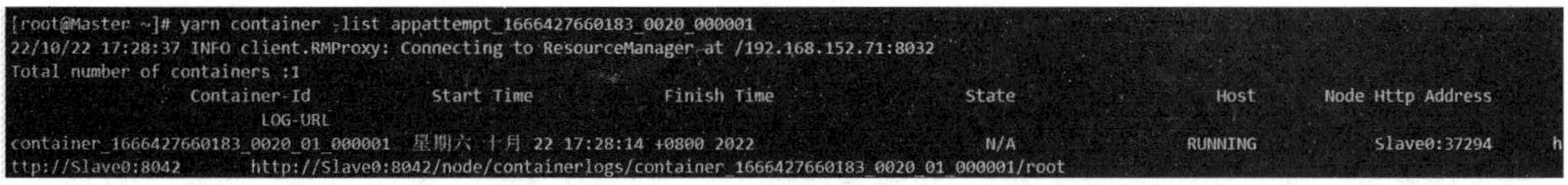

图 9-13　输出 Container 报告

执行命令"yarn container -status \<Container_id>"，可以查看 Container 的状态信息，如图 9-14 所示。

```
[root@Master ~]# yarn container -status container_1666427660183_0022_01_000001
22/10/22 17:29:32 INFO client.RMProxy: Connecting to ResourceManager at /192.168.152.71:8032
Container Report :
        Container-Id : container_1666427660183_0022_01_000001
        Start-Time : 1666430967768
        Finish-Time : 0
        State : RUNNING
        LOG-URL : http://Slave0:8042/node/containerlogs/container_1666427660183_0022_01_000001/root
        Host : Slave0:37294
        NodeHttpAddress : http://Slave0:8042
        Diagnostics : null
```

图 9-14   Container 的状态信息

在完成上述操作后，用户可以将写好的代码打包成 Jar 文件，可以执行命令"yarn jar <jar> [mainClass]"以运行该文件。我们在 Hadoop 集群中运行自己编写的 MapReduce 作业时，曾多次使用该命令。

有时候我们可能会执行命令"yarn node [options]"。表 9-5 展示了 node 命令及描述。

表 9-5   node 命令及描述

命令选项	描述
-all	针对所有的节点
-list	列出所有 RUNNING 状态的节点。支持使用参数 states 选项过滤指定的状态，节点的状态包含 NEW、RUNNING、UNHEALTHY、DECOMMISSIONED、LOST、REBOOTED。支持使用参数 all 显示所有的节点
-states <States>	和参数 list 配合使用，用逗号分隔节点状态，只显示这些状态的节点信息
-status <NodeId>	输出指定节点的状态

在运行 SSSP.jar 任务时，可以在任意路径下执行命令"yarn node -list -all"以输出所有节点的状态信息，如图 9-15 所示。

```
[root@Master ~]# yarn node -list -all
22/10/22 17:39:00 INFO client.RMProxy: Connecting to ResourceManager at /192.168.152.71:8032
Total Nodes:2
         Node-Id         Node-State Node-Http-Address      Number-of-Running-Containers
      Slave1:39848          RUNNING        Slave1:8042                                1
      Slave0:37294          RUNNING        Slave0:8042                                0
```

图 9-15   所有节点的状态信息

在任意路径下执行命令"yarn node -list -states RUNNING"，可以输出各个正在运行节点的状态信息。如图 9-16 所示，可以看到 Slave1 和 Slave0 都处于 RUNNING 状态。

```
[root@Master ~]# yarn node -list -states RUNNING
22/10/22 17:39:10 INFO client.RMProxy: Connecting to ResourceManager at /192.168.152.71:8032
Total Nodes:2
         Node-Id         Node-State Node-Http-Address      Number-of-Running-Containers
      Slave1:39848          RUNNING        Slave1:8042                                1
      Slave0:37294          RUNNING        Slave0:8042                                1
```

图 9-16   正在运行节点的状态信息

执行命令"yarn node -status Slave1:39848"，可以查看 Slave1 的状态信息，输出节点的报告，如图 9-17 所示。

```
[root@Master ~]# yarn node -status Slave1:39848
22/10/22 17:39:49 INFO client.RMProxy: Connecting to ResourceManager at /192.168.152.71:8032
22/10/22 17:39:49 INFO conf.Configuration: resource-types.xml not found
22/10/22 17:39:49 INFO resource.ResourceUtils: Unable to find 'resource-types.xml'.
22/10/22 17:39:49 INFO resource.ResourceUtils: Adding resource type - name = memory-mb, units = Mi, type = COUNTABLE
22/10/22 17:39:49 INFO resource.ResourceUtils: Adding resource type - name = vcores, units = , type = COUNTABLE
Node Report :
        Node-Id : Slave1:39848
        Rack : /default-rack
        Node-State : RUNNING
        Node-Http-Address : Slave1:8042
        Last-Health-Update : 星期六 22/十月/22 05:38:16:815CST
        Health-Report :
        Containers : 0
        Memory-Used : 0MB
        Memory-Capacity : 8192MB
        CPU-Used : 0 vcores
        CPU-Capacity : 8 vcores
        Node-Labels :
        Resource Utilization by Node : PMem:531 MB, VMem:534 MB, VCores:0.0066644456
        Resource Utilization by Containers : PMem:0 MB, VMem:0 MB, VCores:0.0
```

图 9-17　Slave1 节点的状态信息

在完成上述步骤后，需要执行命令"yarn queue [options]"。表 9-6 展示了 queue 命令及描述。

表 9-6　queue 命令及描述

命令选项	描述
-help	帮助
-status <QueueName>	输出队列的状态

执行命令"yarn version"，可以输出 Hadoop 的版本。如图 9-18 所示，输出的版本信息是 Hadoop 2.10.1。

```
[root@Master ~]# yarn version
Hadoop 2.10.1
Subversion https://github.com/apache/hadoop -r 1827467c9a56f133025f28557bfc2c562d78e816
Compiled by centos on 2020-09-14T13:17Z
Compiled with protoc 2.5.0
From source with checksum 3114edef868f1f3824e7d0f68be03650
This command was run using /usr/hadoop-2.10.1/share/hadoop/common/hadoop-common-2.10.1.jar
```

图 9-18　Hadoop 的版本信息

4. 管理员命令

如果想要使用管理员命令，可以执行命令"yarn daemonlog -getlevel"。表 9-7 展示了 daemonlog 命令及描述。

表 9-7　daemonlog 命令及描述

参数选项	描述
-getlevel <host:httpport> <classname>	输出运行在<host:port>上的守护进程的日志级别
-setlevel <host:httpport> <classname> <level>	设置运行在<host:port>上的守护进程的日志级别

执行命令"hadoop daemonlog -getlevel Master:50070 NameNode"，可以针对指定的守护进程获取日志级别。如图 9-19 所示，获取的日志级别是 INFO。

```
[root@Master ~]# hadoop daemonlog -getlevel Master:50070 NameNode
Connecting to http://Master:50070/logLevel?log=NameNode
Submitted Log Name: NameNode
Log Class: org.apache.commons.logging.impl.Log4JLogger
Effective Level: INFO
```

图 9-19　获取的日志级别

9.3　小结

本章重点介绍了 YARN 的基本架构、组件功能和执行过程，还进行了基本的实践操作。Hadoop 2.0 版本的核心组件 YARN 是一个非常出色的分布式资源管理器，它利用 Application Master、Resource Manager、Container、Node Manager、Scheduler 5 个组件对资源进行管理，大幅度减少了资源消耗。

9.4　课后习题

（1）简述 YARN 的定义。

（2）简述 YARN 的特点。

（3）列举 YARN 的调度方式。

（4）说明 YARN 对企业的意义。

（5）比较 Fair Scheduler 和 Capacity Scheduler 的异同。

（6）如何理解 Fair Scheduler 核心调度策略中"缺额"的含义。

（7）YARN 框架相对于 MapReduce 框架的优势。

（8）按照 9.2 节的相关内容，在自己的计算机上完成实践操作。

第10章

大数据处理架构

在一些场景中，数据的价值会随着时间的推移而逐渐降低。针对这一情况，我们需要在传统大数据离线数据仓库的基础上对数据进行实时处理。由此人们开发了大数据实时数据仓库，并据此衍生出两种大数据处理架构——Lambda 和 Kappa。

本章通过整合离线计算和实时计算两部分的内容，帮助读者从架构的角度重新审视自己所学的技术。

10.1　Lambda 架构介绍

由 Storm 的创始人 Nathan Marz 提出的 Lambda 架构是目前常见的实时处理架构。Lambda 架构旨在以低延迟的方式处理和更新数据，支持线性扩展并提供容错机制。其中，Lambda 架构的速度层可以直接消费 Kafka 中的数据，也可以对数据进行分层后再消费。

10.1.1　Lambda 的基本结构

如图 10-1 所示，数据从底层的数据源开始，以多种格式进入大数据平台。在大数据平台中，Flume 等组件会对数据进行收集，然后分成两条线进行计算。其中，一条线进入流式计算平台（如 Storm、Flink 或 Spark Streaming），用于计算实时的指标；另一条线则进入批量数据处理离线计算平台（例如 MapReduce、Hive 和 Spark SQL），以批处理的方式计算相关业务指标，一般处理速度较慢，需要隔日才能查看指标。

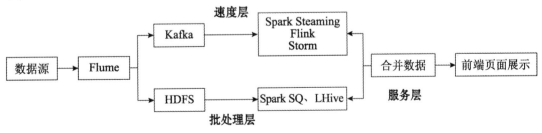

图 10-1　Lambda 的基本结构

Lambda 架构既包含传统的批处理层，也包含用于实时数据的速度层以及用于响应查询的服务层。

图 10-2 展示了 Lambda 架构的主要组件和层。

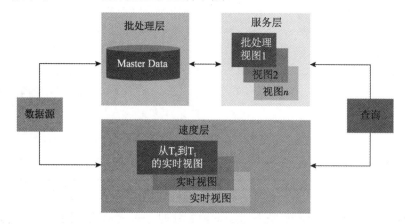

图 10-2　Lambda 架构的主要组件和层

各组件和层的说明如下。

数据源（Data Source）：可以从各种来源获取数据，并在 Lambda 架构中进行分析。数据源组件通常类似于 Kafka 的流式源，它本身并非原始数据源，而是一个中间存储，用于为 Lambda 架构的批处理层和速度层提供服务。数据会同时被传送到批处理层和速度层，以实现并行索引工作。

批处理层（Batch Layer）：该层能够将所有进入系统的数据保存为批处理视图，以准备进行索引，输入的数据会被保存在模型中。在批处理层中，数据被视为不可变且仅可追加，以确保保留所有传入数据的可信历史记录。

服务层（Serving Layer）：该层能够对最新的批处理视图进行增量索引，以使其可供最终用户查询。该层还可以重新索引所有数据，用于修复编码错误或为不同的用例创建不同的索引。服务层的关键是以并行的方式完成处理，以最大限度地减少索引数据集的时间。在运行索引作业时，新到达的数据需要排队等待。

速度层（Speed Layer）：该层能够通过索引最近添加的尚未被服务层完全索引的数据来补充服务层，包括服务层当前正在索引的数据以及在当前索引作业开始后到达的新数据。由于最新数据添加到系统的时间与其可用于查询的时间之间存在滞后（因为执行批量索引需要时间），因此速度层的任务是以近乎实时的方式索引数据，以最大限度地降低获取可用于查询的数据的延迟。首次引入 Lambda 架构时，Storm 是该架构使用的流处理引擎，但此后该组件的候选技术（如 Flink 和 Spark Streaming）也变得越来越受欢迎。

查询（Query）：该组件负责向服务层和速度层提交最终用户的查询和合并结果。这为最终用户提供了对所有数据（包括最近添加的数据）的完整查询与近乎实时的分析系统。

10.1.2　优势与不足

作为一种混合式的数据处理架构，Lambda 架构将批处理和实时处理结合在一起，展现出了灵活性强（支持两种处理模式，可以满足不同企业的数据处理需求）、可扩展性好（支持分布式处理，可以轻松扩展以应对大规模数据处理）、容错性高（即使部分节点发生故障，其余节点仍可以继续处理数据，保证服务的连续性）的特点。但随着大数据技术的不断发展，Lambda 架构逐渐显露出一些不适应数据分析业务需求的缺陷，具体如下。

- 由实时计算与批量计算结果不一致而引起数据口径问题。由于批量计算和实时计算使用的是不同的计算框架和应用程序，因此计算结果往往不同，而且在开发时也需要针对批处理和流处理分别开发功能相同的代码。
- 批量计算无法在计算窗口内完成。在物联网（Internet of Things，IoT）时代，数据量级逐渐增大，经常出现夜间有限的时间窗口难以完成白天累计的大量数据计算的情况。目前保证在早上上班前准时产出数据已经成为每个团队正在面临的难题。
- 开发周期长。当数据源的格式发生变化时，需要修改处理程序，导致整体开发周期较长。
- 服务器存储压力大。典型的数据仓库设计会产生大量的中间结果表，这种情况会导致数据迅速膨胀，加大服务器的存储压力。
- 离线计算和实时计算结果的合并成本比较大。例如，在数据仓库中，即使通过 Sqoop（一个开源工具，用于在 Hadoop 与传统数据库之间进行数据传递）将离线数据导入 MySQL，但实时数据存储在 HBase、Redis 中，这两组数据的合并仍存在较大的问题，成本高。

10.2　Kappa 架构介绍

LinkedIn 公司的前首席工程师 Jay Kreps 在 2014 年的一次研讨会上首次提出 Kappa 架构。Kappa 架构的核心思想是通过改进流计算系统来解决数据全量处理问题，实现实时计算和批处理过程使用同一套代码。此外，Kappa 架构只会在有必要的时候对历史数据进行重复计算，且允许启动多个实例进行重复计算。

10.2.1　Kappa 的基本结构

Kappa 架构专注于流式计算，相当于在 Lambda 架构的基础上去除了批处理层。

如图 10-3 所示，数据以流的方式被采集，实时层将计算结果存放在服务层以供查询。因为 Lambda 架构的批处理层是系统吞吐量的核心部分，所以 Kappa 架构的吞吐量低于 Lambda 架构，但 Kappa 架构专注于流处理，能够减少计算资源的浪费且降低运维成本。

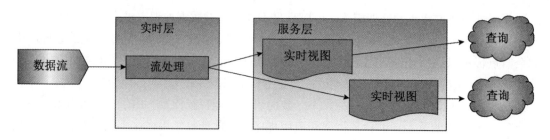

图 10-3   Kappa 的基本结构

10.2.2   优势与不足

Kappa 的优势如下。

- 简化系统设计：只使用一套流处理系统来处理这些数据，从而简化了整体系统设计。这种简化不仅降低了系统的复杂性，还使得开发和维护工作更为高效。
- 低延迟处理：由于 Kappa 架构专注于流处理，因此数据可以近乎实时地被处理，无需等待批量计算。这为企业提供了低延迟的洞察力，使其能够更快地响应市场变化和客户需求。
- 统一数据处理口径：在 Kappa 架构中，不论是历史数据还是实时数据，都通过相同的流处理管道进行处理。这种处理方式确保了数据口径的一致性，避免了在批处理和实时处理之间可能出现的数据差异。
- 优化存储和成本：通过合理的数据保留策略和分层存储方法，Kappa 架构可以在满足数据处理需求的同时，优化存储成本。此外，由于减少了冗余的数据处理流程，还可以降低运营成本和资源消耗。

但 Kappa 架构也有一些缺点，具体如下。

- 流处理在处理历史数据时的吞吐量受限。尽管 Kappa 架构通过流计算处理所有数据，但即使是增加并发实例数，仍然难以满足大数据时代对数据查询高吞吐量的要求。
- 开发周期长。在 Kappa 架构下，由于采集的数据格式不统一，每次都需要开发不同的流处理程序，进而导致开发周期长。
- 服务器成本浪费。Kappa 架构的核心原理依赖于外部高性能存储服务，如 Redis 和 HBase，但是这两种组件在设计上并非专门用于满足全量数据存储需求，可能导致对服务器成本的严重浪费。

10.3   架构对比

Kappa 架构和 Lambda 架构的对比如表 10-1 所示。

表 10-1　**Lambda 架构与 Kappa 架构的对比**

对比项目	Lambda 架构	Kappa 架构
实时性	实时	实时
计算资源	批处理和流处理同时运行，资源开销大	只有流处理，资源开销小
重新计算时吞吐量	批式全量处理，吞吐量较高	流式全量处理，吞吐量比批处理低
开发难度	需要开发两套代码，难度大	需要开发一套代码，难度小
运维成本	维护两套系统，运维成本大	只须维护一套系统，运维成本小

Lambda 架构与 Kappa 架构在不同的领域都有适用性。Kappa 架构适用于流处理与批处理分析流程较为统一的场景。在需要对整个数据集进行批量处理而且优化空间相对有限的场景下，使用 Lambda 架构会更好，实现也更为简单。对于较为复杂的场景，需要同时进行批处理与流处理的（如使用不同的机器学习模型、实时计算难以处理的复杂计算）情况下，Lambda 架构更为合适。

10.4　小结

本章详细介绍了两种大数据处理架构——Lambda 和 Kappa。读者可以通过学习本章内容了解两种架构的优缺点。在应用中，我们需要根据具体业务类型选择适当的架构。如果业务逻辑要求设计一种健壮的机器学习模型以预测未来事件，那么应该优先考虑使用 Lambda 架构，因为它具备批处理层和速度层，能够确保更少的错误；如果业务逻辑追求高实时性，而且客户端需要根据运行时发生的实时事件进行响应，那么应该使用 Kappa 架构。

10.5　课后习题

（1）列举并说明 Lambda 架构和 Kappa 架构的优缺点。
（2）简要说明 Lambda 架构和 Kappa 架构的选型标准。

参考文献

[1] 汤姆·怀特. Hadoop 权威指南[M]. 周傲英,曾大聃,译. 北京:清华大学出版社,2014.

[2] 王晓华. MapReduce 2.0 源码分析与编程实战[M]. 北京:人民邮电出版社,2014.

[3] 王晓华. Spark MLlib 机器学习实践[M]. 2 版. 北京:清华大学出版社,2017.

[4] 周鸣争. 大数据导论[M]. 北京:中国铁道出版社,2018.

[5] 杨正洪. 大数据技术入门[M]. 北京:清华大学出版社,2016.

[6] 林子雨. 大数据技术原理与应用[M]. 2 版. 北京:电子工业出版社,2017.

[7] 娄岩. 大数据技术概论[M]. 北京:清华大学出版社,2016.